KB117224

遊水落山

# 수락산에서 놀다

遊水落山

# 수락산에서 놀다

황천우 · 김영미 지음

## ◎ 글을 열며

몇 년여에 걸쳐 내 고향 노원구(출생 당시 양주군 노해면)와 의정부시 그리고 남양주시가 아우르고 있는 수락산을 거의 하루도 거르지 않고 찾고 있다. 글 쓰다 골치 아프면 머리 식히러, 전날 과음했다면 숙취를 해소하기 위해, 아내가 바가지 긁을라치면 산에 투정하기 위해…….

수락산을 찾으며 여러 이유를 달지만 결론은 하나다. 언제고 찾아도 그 모습 그대로 나를 품으며 아늑함과 함께 사색의 여유를 주고, 그 누구보다도 고마운 나의 벗으로 언제고 그 자리에 그 모습으로 존재하고 있기 때문이다.

그런데 문득 수락산을 위해 나는 무엇을 해야 하는가 라는 문제에 봉착하게 된다. 그저 받기만 하는 현실에 차마 부끄러워했던 적이 한두 번 아니다. 물론 신세를 졌으면 반드시 갚아야 한다는 평소 지론이 한몫했다.

하여 고민 끝에 조그마한 결정을 내리게 된다. 나뿐만 아니라 많은 사람들로부터 사랑 받고 있는 수락산의 실체를 정확하게 알리자고. 그래서 수락산의 의미를 헤아리고 더 많은 사랑을 받게 하자고.

그런 차원에서 수락산에 터 잡았던 사람들 그리고 한바탕 놀고 떠났던 사람들의 발자취를 찾기 시작했다. 인생 전성기에 수락산 전체를 놀이터 삼았던 매월당 김시습, 남양주 청학리에서 자랐고 지금도 그곳에 영면해있는 남용익, 생의 중반에 수락산 서쪽 장암에

터 잡고 역시 그곳에 영면해있는 박세당, 고모부 박세당을 찾아 수락산에서 놀다 선영이 있던 노원구 상계동 벽운에 터까지 잡게 된 남학명, 조선조 한문 사대가 중 한 사람인 월사 이정구의 자손들, 김시습과 동문수학한 서거정 그리고 추사 김정희 등의 흔적을 곳곳에서 발견하게 되었다.

선조들은 가고 없지만 그분들이 남긴 흔적을 널리 알려 수락산의 정체성을 드러내는 일이 그나마 수락산에 대한 보은이라는 생각을 하게 되었고, 드디어 이 작품을 선보이게 되었다.

집필 과정에 국사학과 출신으로 나름 한문에 열정을 기울였던 아내의 도움을 상당 부분 받았다. 신접살림을 수락산 초입에서 시작하였고 지금도 수락산 가까이에 살고 있는 아내와 공저로 이 작품을 발표하는 바 모쪼록 이 글이 우리 부부처럼 진정으로 수락산을 사랑하는 계기가 되기를 고대해본다.

아울러 이 작품에 등장하는 시는 한국고전번역원 DB를 활용하였다. 일부 번역된 시도 있지만 다수의 미 번역 작품 모두 필자와 아내가 번역에서 가장 중요한 '작가의 의도'를 살피며 접근하였음을 밝힌다.

2015년 여름에

황 천 우

차 례

수락산 정상 즉 주봉으로 김시습이 자호한 동봉(東峯)이다. 산 이름인 수락(水落)만큼 생뚱맞다.

# 수락산명 유래

◎

'수락'이란 이름이 심상치 않다. 산 이름에 水 즉 물이 들어간 부분 때문에 그러하다. 또한 '떨어지다'라는 의미의 落이 연계하여 이른바 물이 떨어지는 산이 된다.

물이 떨어진다는 의미의 수락이라는 이름만을 놓고 살피면 모호하다. 산에서 물이 올라갈 수 없는 노릇이지 않은가. 그렇다고 현명하기 이를 데 없는 우리 선조들께서 이름에 아무런 의미를 주지 않을 수 없다.

물론 수락산과 관련하여 여러 설이 전한다. 바위산이기 때문에 물이 스며들지 않고 곧바로 흘러 내려 수락산이 되었다는 설, 호랑이에게 물려간 아들 수락(水落)을 찾던 아버지의 그리움이 산 이름으로 되었다는 설. 그 외에 수락산에 있는 금류동, 은류동, 옥류동 등의 폭포 물이 떨어지는 산이라서 수락이라 하였다는 설이 존재한다.

한편 생각하면 모두 그럴싸하게 여겨진다. 그렇지만 현대의 설은 잠시 접어두고 조선 중기 수락산에 터를 잡았던 서계 박세당의 변을 살펴보자. 그의 작품인 '석림암기'에 다음과 같은 글이 실려 있다.

'수석(水石)의 경치는 수락산이 으뜸이니, 이 산의 명칭은 이 때문에 얻어진 듯하다.'

수석은 물론 물과 돌로 박세당의 변을 떠나서 예로부터 수락산은 수석으로 명성을 날렸었다. 아울러 水를 수석의 줄인 말로 또 落은 또 다른 의미 '이루다'를 감안한다면 수락산은 '아름다운 물과 돌로 이루어진 산'이란 뜻으로 해석 가능하다.

박세당의 변을 떠나서라도 지금도 수락산을 방문하는 사람이라면 물과 돌의 아름다움에 대해 이구동성으로 극찬을 아끼지 않는다. 하여 여러 설이 있음에도 불구하고 박세당의 변에 주목할 필요가 있다.

# 수락산
# 사계절 풍경

◎

조선 후기 우의정을 역임했던 김구(金構)는 '次水落山梅月堂四時詞卷中韻'(차수락산매월당사시사권중운)이라는 제목으로 수락산 사계절 풍경을 작품으로 남겼다.

이뿐만 아니다. 옥류동(남양주시 청학리) 터줏대감인 남용익을 비롯하여 여러 사람이 수락산의 사계절을 읊은 작품을 남겼다. 그런데 엄밀하게 따지면 그들의 작품은 김시습이 아니라 서거정으로부터 비롯되었다. 아래에 시와 내용이 실리지만 잠깐 언급해보자.

김시습과 서거정은 동문수학한 사이다. 비록 두 사람의 나이 차가 열다섯에 이르지만 어린 시절부터 천재성을 인정받았던 김시습이 세종(世宗)의 각별한 배려로 다섯 살 때 당시 홍문관 수찬이었던 이계전(李季甸, 1404~1459)

으로부터 스무 살이던 서거정과 함께 교육받는다.

이를 계기로 두 사람의 관계는 평생지기로 또 역사에 라이벌로 오늘날까지 이어질 정도로 돈독했다. 그런 김시습이 수락산에 보금자리를 틀고 서거정을 만난다. 그 자리에 어느 사찰 스님인지 알 수 없지만 산 상인(山上人)이 함께 한다.

두주불사의 두 사람에게 술이 없을 수 없고 결국 한껏 취한 상태에서 김시습이 산상인을 위해 서거정에게 시를 부탁한다. 서거정이 기꺼이 시를 짓자 김시습이 그 시에 운에 따라 화답하고, 그렇게 수락산 사계절 풍경은 탄생한다.

설잠이 산 상인을 위하여 산중 사계절 경치에 대하여 시를 지어 주기를 요구하므로, 상당히 취한 상태로 붓을 달려 사십 자를 써서 주다.

서거정

산중 사철 즐거움
산은 마음속으로 알리라
(봄) 꽃과 새 서로 기뻐하고
(여름) 물은 구름 따라 함께 더디네
가을은 기러기 지나간 뒤에 깊고
(겨울) 밤 길어 토란 굽는 때라네
오랜 세월은 극히 짧은 순간이라

흐르는 빛 참으로 이러하다네

雪岑爲山上人。索賦山中四時景。大醉。走書四十字以贈

山中四時樂(산중사시락) 山也心自知(산야심자지)

花與鳥相悅(화여조상열) 水從雲共遲(수종운공지)

秋深過鴈後(추심과안후) 夜永燒芋時(야영소우시)

萬古一彈指(만고일탄지) 流光眞若茲(유광진약자)

취하여 사가의 시를 차운하여, 산 상인에게 드리다

김시습

산중에 기력 없지만

경물로 능히 알 수 있네

(봄) 햇빛 따스하여 들꽃 피고

(여름) 바람 훈훈하여 처마 그림자 더디네

---

**雪岑(설잠)** : 김시습의 법호

**夜永燒芋時(야영소우시)** : 당나라의 고승 명찬 선사가 성격이 게을러 남이 먹고 남은 음식만 먹었으므로 나잔(懶殘)이라 호칭했는데, 이필(李泌)이 나잔 선사를 몹시 기이하게 여겨 한 번은 밤중에 방문했더니, 그때 마침 나잔 선사가 화롯불을 뒤적여서 토란을 굽고 있다가 이필에게 구운 토란 반 조각을 나눠 주어서 먹었다는 데서 온 말이다.

**彈指(탄지)** : 손톱이나 손가락 따위를 튕기는 일로 극히 짧은 시간을 말한다.

(가을) 동산에서 서리 맞은 밤 수확한 뒤에

(겨울) 화로에 눈 차 끓일 때라네

너무 깊이 계산하지 말고

한평생 이로 유추하시게

醉次四佳韻。贈山上人

山中無紀曆(산중무기력) 景物可能知(경물가능지)

日暖野花發(일난야화발) 風薰簷影遲(풍훈첨영지)

園收霜栗後(원수상율후) 爐煮雪茶時(로자설다시)

且莫窮籌算(차막궁주산) 百年推類玆(백년추류자)

서거정과 김시습의 사계절 풍경을 차운하여. 김시습을 회고하며

최석항(崔錫恒, 1654~1724)

수락산 운치는

애오라지 선책 알아야하네

---

**四佳(사가)** : 서거정의 호

**紀曆(기력)** : 세시(歲時), 절후(節侯)등의 기록

**雪茶(설다)** : 눈 녹은 물로 달인 차

**景物(경물)** : 계절에 따라 달라지는 경치

선현은 일찌감치 자취 감추어

이 땅에 오래도록 은거했네

시문의 대가 시통 전하고

중들은 게송 듣는 때라네

오랫동안 남겨진 초상 있으니

맑은 정조 예까지 비치네

次韻徐四佳梅月堂四時景。有懷清寒子。

水落山中趣(수락산중취) 聊憑禪卷知(요빙선권지)

前賢曾隱晦(전현증은회) 此地久棲遲(차지구서지)

詞伯傳筒事(사백전통사) 僧徒聽偈時(승도청게시)

百年遺像在(백년유상재) 淸節映來玆(청절영래자)

최석항은 병자호란 때 주화론(主和論)을 이끈 최명길(崔鳴吉, 1586~1647)의 손자로 경상도관찰사, 좌참찬, 이조판서, 좌의정 등을 역임하였다. 영의정을 역임한 형 최석정(崔錫鼎) 등과 함께 소론의 영수 역할을 했다.

앞의 시는 최석항이 수락산 서쪽 즉 장암을 방문하고 남긴 시로 풀이된다. 내용에 등장하는 김시습의 초상(박세당 편에서 부연)은 물론이고 그의 다른

---

**禪卷(선권)** : 최석항의 작품 중에 題克岭上人禪卷(제극령상인선권, 극령 스님의 선권에 제하다)라는 글을 살피면 선(禪)에 대해 기술한 책으로 사료된다.

**偈(게)** : 偈頌(게송)으로 부처의 공덕을 찬미하는 노래

작품 중에 '水落山房。書與妙察上人'(수락산방에서, 묘찰상인에게 글을 주다)이 있다. 묘찰 스님은 그 당시 석림사에 기거하였던 스님으로 박세당과도 긴밀한 관계를 유지했던 인물이다

또한 최석항은 박세당이 사망하자 그의 시장(諡狀)을 짓는다. 시장은 재상이나 학자들에게 시호를 주려고 관계자들이 의논하여 임금에게 아뢸 때에, 그가 살았을 때 한 일들을 적은 글을 의미한다.

상기 글에서 최석항은 선(禪)에 대해 언급했다. 물론 선은 도교를 의미한다. 아울러 이와 관련하여 김시습 편에 자세하게 기술하도록 한다. 다만 김시습의 사상을 파악하기 위해 선에 대한 이해는 필수라는 사실 밝힌다.

수락산 매월당 사시사 시권을 차운하여

김구(金構, 1649~1704)

옛 현인 은거하며 머물렀던 곳

뛰어난 경치 이르렀음 알겠네

비온 뒤 꽃 빛 윤기 나고

바람 머금은 버들 그림자 더디네

물은 좌선하던 날 좇고

산은 고행하던 때 기억하네

천년 동안 자취 찾았는데

그 자태 다만 여기 있노라

次水落山梅月堂四時詞卷中韻

昔賢棲隱處(석현서은처) 勝景到來知(승경도래지)

經雨花光潤(경우화광윤) 含風柳影遲(함풍유영지)

水如禪坐日(수여선좌일) 山憶苦行時(산억고행시)

千載尋遺躅(천재심유촉) 儀形祗在玆(의형지재자)

김구는 황해도·충청도·전라도·평안도 관찰사, 대사간, 형조판서, 우의정 등을 역임하였다. 노산군(魯山君, 단종)의 복위 아울러 노산군의 비인 정순왕후 송 씨의 묘를 능으로 회복하는데 앞장서는 등 의리를 중시 여긴 인물로 평가된다.

그런데 김구와 관련하여 흥미로운 기록이 전한다. 조선왕조실록에 실린 그의 졸기로 2회에 걸쳐 나타나는 바 극과 극의 평가가 이루어진다.

먼저 숙종 30년(1704년) 12월 18일 기록이다.

『김구는 관찰사 김징(金澄)의 아들로 젊을 때부터 문한(文翰, 문필)이 넉넉하고 민첩하였으며, 문과에 장원 급제하여 청환(淸宦, 학식이나 문벌이 높은 사람에게 시키던 규장각·홍문관·선전 관청 등의 벼슬)과 현직(顯職, 실무를 보는 문무관의 벼슬)을 역임하였다.

자질과 성품이 명철하고, 재지(才旨)가 더욱 뛰어나 누차 바쁘고 번거로운 직임을 맡았으나 옳고 그름을 판단하는 데 지체함이 없었으며,

임관(任官)이 직무에 적합함이 많았다. 또 말주변이 능숙하여 임금과 면대해 아뢸 때에는 간곡하고 자상하니, 임금이 경청하였다. 정승에 임명된 지 얼마 안 되어 모친상을 당해서는 일을 집행하지 못하였는데, 임금이 병세의 위독함을 듣고 심지어 내시를 보내어 육식을 권했으니, 융숭한 총애가 이와 같았다. 졸할 때 56세요, 뒤에 충헌(忠憲)이란 시호를 내렸다.』

다음은 숙종실록보궐정오 29년(1703) 12월 13일 기록이다.

『김구는 명민하고도 정력이 있으며, 사령(辭令)에 유능하여 임금이 매우 융성하게 대접하였다. 그러나 진정한 재능이 없었으며, 까다롭고 잔달아서 대체(大體)를 알지 못하였고, 가는 곳에 좋은 명성이 없었다. 또한 임금의 뜻에 아첨하고 순종하기를 좋아하여 일찍이 임금을 보좌하여 선을 전하고 악을 못하게 한 일이 없었으며, 강화도에 있을 때 밀지를 받고 사적으로 영전(影殿)을 세웠다가 결국 이광좌(李光佐)의 탄핵을 받았다. 그리고 병조판서로 있을 때 용대기(龍大旗, 임금이 거둥하거나 열병할 때 쓰는 기)를 새것으로 바꾸자고 청하니, 세상에서 아첨하는 사람으로 지목하였다. 그리하여 조정위(趙正緯) · 오명준(吳命峻) 등이 서로 잇달아 탄핵하였는데, 조정위의 탄핵이 더욱 참혹하였다. 임금이 탄핵한 자를 괘씸히 여겨 김구를 정승으로 임명해 더욱 총애하는데, 얼마 안 되어 친상(親喪)을 당하여 직위를 버렸고 이때에 와서 졸하였다.』

실록에 나타난 김구에 대한 극과 극의 평가, 사망년도도 그러하지만 내용을 살피면 어느 장단에 춤을 추어야할지 난감하다. 그런데 이떻게 이런 현상이 가능할까. 답은 간단하다. 바로 당파에 기인한다.

숙종실록은 노론이 숙종실록보궐정오는 소론이 주도하여 편찬하였기 때문이다. 여하튼 김구에 대한 두 개의 평가는 조선왕조실록과 당파의 폐해의 실상을 보여주는 대목이 아닐 수 없다.

천준의 시축, 매월당의 사계절을 읊은 제현들을 차운하여

남용익

매월당이 읊은 사계절 경치
가까이 살아 가장 먼저 알았네
(봄) 옥류동에 기이한 꽃 빨리 피고
(여름) 향로봉에 여름 해 더디네
(가을) 석양녘 숲 단풍으로 물들고
(겨울) 긴 폭포 얼음 어는 때라네
옛터는 어제처럼 완연한데
청풍은 여기 머물러 있네

次天俊詩軸梅月堂四時吟諸賢韻

梅堂四時景(매당사시경) 居近最先知(거근최선지)

玉洞奇花早(옥동기화조) 香峯畏日遲(향봉외일지)

晩林成錦處(만림성금처) 長瀑作氷時(장폭자빙 시)

遺址宛如昨(유지완여작) 淸風留在玆(청풍유재자)

옥류동 터줏대감인 남용익이 자신의 터전인 수락산의 동편 즉 옥류동을 읊은 작품이다. 제목에 등장하는 天俊(천준)은 당시 석림사에 머물면서 장암의 주인인 박세당과 긴밀한 관계를 유지하고 있던 스님으로 후일 회운암으로 자리를 옮긴다.

아울러 玉洞(옥동)은 옥류동, 즉 지금의 청학리를 의미하고 畏日(외일)은 사람을 두렵게 만드는 여름날의 태양, 香峯(향봉)은 수락산 봉우리 중 하나인 향로봉을 지칭한다.

**삼가 서거정이 매월당에게 준 '수락산 사시경'을 읊고 차운하다. 자문 남학명을 위해 짓다.**

서종태(徐宗泰, 1652~1719)

도의 기풍 머금은 수락산

그윽한 승경 아는 이 적다네

(봄) 물 흐르는 시냇가 꽃 빨리 피고

(여름) 그늘 짙은 골짝 해 더디네

(가을) 하표에 서리 내린 후

(겨울) 꽁꽁 언 폭포 달 밝은 때라네

은의 고사리 유달리 푸르르니

고결한 덕행 여기서 우러르네

謹次四佳酬梅月堂詠水落山四時景韻。爲南子聞 鶴鳴 作

落山含道氣(낙산함도기) 幽勝少人知(유승소인지)

流水溪花早(유수계화조) 濃陰洞日遲(농음동일지)

霞標霜洗後(하표상세후) 氷瀑月明時(빙폭월명시)

別有殷薇綠(별유은미록) 淸芬仰在玆(청분앙재자)

서종태는 대제학, 공조판서, 대사헌, 이조판서, 우의정, 좌의정, 영의정 등을 역임하였다. 1689년 기사환국으로 인현왕후 민 씨가 폐위되자 박세당의 아들인 박태보 등과 소를 올려 그 부당함을 주장한 인물이다.

그의 아들인 서명균(徐命均)이 우의정과 좌의정을 지냈으며 서명균의 아들인 서지수(徐志修)가 영의정을 지내 3대에 걸쳐 정승을 지냈다. 또한 서지수의 아들 서유신(徐有臣)과 그의 아들 서영보(徐榮輔), 손자 서기순(徐箕淳)의 3대가 대제학을 역임할 정도로 그에 의해 조선에서 보기 드문 가문이 형성

---

**霞標(하표)** : 선경(仙境)을 비유하는 말

**殷薇(은미)** : 은나라의 고사리 즉 수양산에서 고사리를 캐먹고 살았던 백이와 숙제로 김시습을 의미한다.

된다.

그 서종태가 남구만의 아들이며 박세당의 조카인 남학명을 위해 지은 작품이다. (이들의 관계는 뒤에서 부연함)

서거정과 김시습의 작품을 제외한 글들을 살피면 흥미로운 점이 나타난다. 즉 시가  탄생하게된 배경인 서거정에 대한 언급은 없고 모두 김시습을 찬양하고 있다. 이 대목에서 김시습에 대한 진면목이 무엇인지 궁금하지 않을 수 없다. 바로 김시습 편으로 넘어가보자.

노원과 의정부 경계에서 바라본 수락산 모습으로 왼쪽 봉우리가 앞서 등장했던 정상 부분이다. 그런데 중앙에 위치한 봉우리가 주봉처럼 느껴진다. 수락산에 감추어진 조그마한 비밀로 수락산 주봉은 노원과 남양주 일부 지역에서 바라보면 상기와 같은 현상이 발생하거나 심지어 보이지도 않는다.

# 온 수락산을 누비며 놀았던 김시습

◎

## 김시습, 수락산에서 놀다

수락산이 우리 역사 전면에 등장하는 시기는 김시습이 터를 잡은 이후부터다. 김시습은 경주 금오산에 머물다 성종이 즉위하자 38세 되던 1472년에 수락산으로 찾아든다.

그가 터를 잡은 구체적인 장소는 알 수 없다. 그러나 한 곳에 오래 머물지 않는 그의 행태를 살피면 수락산 곳곳에서 놀았던 듯 보인다. 아울러 그가 남긴 여러 작품을 살피면 초기에는 수락산의 노원 지역 즉 지금의 상계 1동 부근에 터를 잡은 듯하다. 그곳에서 직접 농사를 지으며 노동의 중요성을 설파하며 한양으로 오가며 서거정 등 지인들과 교류를 이어간다.
아울러 그 과정에 안 씨 여인을 만나 파계하며 불꽃같은 사랑을 나눈다. 그러나 그의 운명처럼 결혼한 이듬해에 사랑하는 여인이 갑자기 이승을 떠

김시습 초상화

나자 심한 갈등에 휩싸이고 거처까지 동봉 아래로 옮긴다.

이름하여 '수락산 정사'가 그것인데, 이에 대해서는 구체적인 기록이 나타난다. 조선 중기 대제학을 역임한 김유(金楺, 1653~1719)가 1712년 수락산을 유람하면서 남긴 '수락산이폭기'(水落山二瀑記)를 살피면 수락산 주봉에서 청학리로 내려가는 지점에 위치한 약수터 근처다. 현재 수락산장이 자리하고 있는 그 지점이다.

여하튼 그곳에 자리 잡은 김시습은 '귀신론', '생사론' 등 자신의 사상을 정리하며 수시로 그곳을 방문했던 남효온, 홍유손, 김일손 등에게 전한다. 그리고 한순간, 49세 되던 1483년에 다시 중이 되어 생의 마무리 여행을 떠난다.

아이러니하게도 수락산과 관련한 김시습의 작품은 극히 미미하다. 자신의 전성기 10여년을 지냈던 그가 자신이 좋아 찾아든 산에 대해 작품을 쓰지 않았을 수는 없는데 그 사유가 무엇인지 궁금하다. 그 답이 장릉지(莊陵誌)에 실려 있다.

『서 있는 나무껍질을 벗기고 시 쓰기를 좋아하였다. 한참 읊고 나서 문득 곡하며 그 부분을 깎아버렸다. 어떤 때는 종이에 시를 써서 다른 사람에게 보이지 않고 물에다 던져 버렸다.』

또한 김시습 본인이 직접 그렸다는 앞의 영정을 살피면 아리송하다. 중인지 선비인지 쉽게 가늠되지 않는다. 모습으로 보아 그가 만년일 때, 즉 중으로 돌아갔을 때 그린 듯한데 머리에 쓴 초립은 차치하고 수염을 기르고 있다. 이와 관련한 김시습의 변이다.

"머리를 깎은 것은 이 세상을 피하기 위함이요, 수염을 남겨 둔 것은 장부의 뜻을 드러내기 위함이다."

자 그럼 개략의 의문은 접고 수락산에서 놀았던 김시습과 여정을 함께 해보자.

노원에서 즉흥적으로 짓다

풀 푸른 긴 제방에 오솔길 비꼈고

한들거리는 뽕나무 밭에 인가 있네

시냇가 단풍 온통 푸른 연기에 젖고

십리 하늬바람 벼꽃에 분다네

蘆原卽事

草綠長堤小逕斜(초록장제소경사) 依依桑柘有人家(의의상자유인가)

溪楓一抹靑煙濕(계풍일말청연습) 十里西風吹稻花(십리서풍취도화)

김시습이 수락산으로 가기 위해 노원에 들어서면서 지은 시인 듯 보인다. 그런데 혹자는 상기 시 제목에 등장하는 노원이 지금의 노원 지역인지에 대하여 의문을 제기하고는 한다.

신증동국여지승람에 등장하는 노원역(盧原驛)의 위치 때문이다. 그에 따르면 '노원역은 흥인문(興仁門) 밖 4리 지점에 있다'고 기록되어 있다. 흥인문, 즉 동대문에서 4리(약 2km) 떨어진 거리라면 용두동 사거리 정도로 현재의 제기역을 지칭하는 듯 보인다.

그러나 신증동국여지승람에 노원역과는 별개로 '양주' 편에서 '노원(盧原)은 남쪽으로 처음이 40리, 마지막이 50리이다'라 기록되어 있고, 현재 공릉동에 있는 태릉의 위치 아울러 이항복이 남긴 여러 기록을 살피면 공교롭게도 현재의 노원과 정확하게 일치한다.

여하튼 김시습은 나이 열여덟에 과거 준비를 위해 삼각산(북한산) 중흥사에 머물렀던 적이 있다. 그곳에서 근 2년간 머물다 수양대군의 왕위찬탈(계유정난) 소식을 접한다. 그 일은 김시습에게 충격으로 다가선다.

당시 김시습은 그때까지 배웠던 유교 이론, 임금과 신하의 충성과 신의가 물거품이 되는 현상을 목격한다. 아울러 유교에 회의를 품고 소장하고 있던 책자를 모두 불 태우고 스스로 머리 깎고 중이 되어 깨달음의 세계로 나아간다.

그런 그가 다시 한양 근처로 찾아들면서 굳이 수락산을 선택한 사유가 궁금하지 않을 수 없다. 삼각산이야 이미 자신이 머물렀던 산으로 별로 달갑지 않은 추억이 있을 수 있다고 하지만 당시 명성을 구가하던 도봉산을 제치고 수락산을 찾았다.

매월당이 수락산을 선택한 사유는 서계 박세당의 기록에서 찾아야할 듯하다. 박세당은 수락산을 유람하며 지은 시의 후서에서 다음과 같이 기록하였다.

『삼각산과 도봉산은 도성 근교의 우뚝한 산으로 수락산과 더불어 솥발처럼 높이 솟아 있다. 그리하여 사방의 여러 산이 옷깃을 여미고 빙 둘러 향하고 있으니, 크고 작은 산들이 모인 형상이 마치 아들 손자들이 모여 있는 것과 같다. 우뚝 솟은 형세로는 삼각산과 도봉산이 갑을(甲乙)을 다투고 그윽하고 기이함으로는 동봉(東峯)이 으뜸이다.』

동봉은 김시습의 호 중 하나로 수락산을 의미하고, 결국 김시습은 단순해 보이는 삼각산과 도봉산에 비해 그윽하고 기이하기 때문에 찾아든 것으로 풀이할 수 있다.

큰 쥐

碩鼠

碩鼠復碩鼠(석서부석서) 큰 쥐야 큰 쥐야
無食我場粟(무식아장속) 우리 마당 좁쌀 먹지마라
三歲已慣汝(삼세이관여) 이미 삼년이나 너를 알고 지냈건만
則莫我肯穀(칙막아긍곡) 어찌 나를 좋게 보지 않느냐
逝將去汝土(서장거여토) 장차 너의 나라 버리고 떠나
適彼寤樂國(적피오락국) 저 낙원에서 즐거이 살리라

碩鼠復碩鼠(석서부석서) 큰 쥐야 큰 쥐야
有牙如利刃(유아여이인) 칼날처럼 날카로운 이빨로
旣害我耘耔(기해아운자) 내 지은 농사 모두 해치더니
又齧我車軔(우설아차인) 이제는 수레까지 갉아놓아
使我不得行(사아부득행) 떠날 수도 없게 만들었으니
亦復不得進(역부부득진) 가려해도 갈 수 없네

碩鼠復碩鼠(석서부석서) 큰 쥐야 큰 쥐야
有聲常喞喞(유성상즉즉) 너 항상 찍찍거리며
佞言巧害人(영언교해인) 간교한 말로 사람 해치고
使人心怵怵(사인심술술) 인심으로 하여금 유혹되게 만드니
安得不仁猫(안득불인묘) 어찌하면 사나운 고양이 데려와
一捕無有孑(일포무유혈) 씨도 남기지 않고 모조리 잡을까

碩鼠一產兒(석서일산아) 큰 쥐는 한 번에 새끼 낳아
乳哺滿我屋(유포만아옥) 젖 먹여 내 집 가득 채웠네
我非永某氏(아비영모씨) 나는 영모씨 아니니
付之張湯獄(부지장탕옥) 장탕의 옥에 너를 넘기리라
塡汝深窟穴(전여심굴혈) 깊은 구덩이에 처넣어
使之滅蹤跡(사지멸종적) 네놈들의 종적을 멸하리라

김시습은 평생 노동을 중시 여겼다. 하여 그는 자신의 터전을 잡으면 손

수 밭을 갈고 씨 뿌리고, 가꾸고, 수확하여 호구지책(糊口之策)을 해결하였다. 그런 연유로 그는 탁발승 즉 시주를 구하는 중에 대해서는 상당한 반감을 지녔다.

그런 그가 수락산에 터 잡고 양주 관아에서 토지를 불하받았다. 그리고 열심히 가꾸고 가을이 되어 추수할 시점에 한 양반이 나타나 그 토지가 자신의 토지이니만큼 그 땅에서 나온 수확물은 자신의 소유라 주장한다.

결국 송사가 벌어지지만 양반이랍시고 거들먹거리는 그가 김시습에게 상대될 수 없었다. 하여 그 양반은 양주 목사 앞에서 수확물이 김시습의 소유라 인정하는 각서를 쓴다. 그러나 김시습은 그 각서를 찢어버리고 자리를 뜨고, 수락산 계곡으로 들어가 웃긴 세상을 향해 소리 높여 울부짖는다.

은거하여

은거하여 조그마한 평상에 누우니
고요한 방에 한줄기 향기 피어나네
밤비에 숲 꽃 젖고

---

永某氏(영모씨) : 당(唐)나라 문장가인 유종원(柳宗元)의 작품에 등장하는 인물로 쥐를 사랑하여 잡지 않았다 한다.

張湯獄(장탕옥) : 장탕은 한(漢) 나라 때의 옥관(獄官)이다. 그가 어렸을 적에 집을 보다 쥐에게 고기를 도둑맞은 일이 있었는데, 외출에서 돌아온 아버지에게 심한 꾸중을 듣고서는 쥐굴을 파헤쳐 쥐를 잡고 먹다 남은 고기도 꺼내어 뜰에다 감옥의 모양을 갖추어 놓고 핵문(劾文, 꾸짖는 글)을 지어 쥐를 신문하였다. 그의 아버지가 그 글을 보니 노련한 옥리보다 나았으므로 크게 기이하게 여겼다 한다.

장마철에 바람 서늘하네

나뭇잎 짙고 새들 놀라 지저귀며

진흙 질퍽한데 제비 바삐 날아가네

어떻게 긴긴 날 보낼까나

새로운 시 몇 귀절 지어볼까

*幽居*

幽居臥小牀(유거와소상) 靜室一煙香(정실일연향)

夜雨林花潤(야우림화윤) 梅天風氣涼(매천풍기량)

葉濃禽語警(엽농금어경) 泥濕燕飛忙(니습연비망)

何以消長日(하이소장일) 新詩寫數行(신시사수행)

수락산에 머물면서 보였던 일화 한 토막 소개한다.

김시습이 수락산을 떠나 배를 타고 한내(중랑천)를 건너 돌곶이 방향으로 길을 잡아갔다. 이어 자신이 태어나고 어린 시절을 보낸 반궁(성균관)에서 친구를 만나 오랜만에 회포를 풀고 내친김에 한양의 대로를 활보하는 중이었다.

갑자기 뒤에서 소란스런 소리가 들렸다. 고개를 돌리자 초헌을 호종하는 무리들이  지나는 사람들을 물리느라 연신 '물러서라' 고함치며 요란 떨었다. 시습이 초헌에 탄 인물을 유심히 살폈다. 영의정 정창손이었다. 그를 확인하자마자 그 자리에 서서 양손을 허리춤에 붙이고 딱 버티고 섰다.

"물러서지 않고 뭐하는 게냐!"

앞서오던 갈도(고위 관료의 행차를 경호하던 관리)가 다가와 어깨를 밀쳤다. 순간 시습의 몸이 휘청거렸다.

"이놈이, 지금 뭐라 했느냐!"

"영의정 대감 지나가시니 물러서라 했다, 거렁뱅이야. 왜 다시 말하랴!"

"물러서야 할 놈은 내가 아니라 바로 저 놈이다, 저놈!"

시습이 손으로 정창손을 가리키며 욕을 해대자 뒤 따르던 갈도들까지 합세하여 시습을 에워쌌다.

"그만두어라."

그들이 몽둥이로 막 시습을 치려는 순간 낮으면서도 근엄한 목소리가 들려왔다. 갈도들이 서로 눈치를 살피다 그중 한 명이 정창손에게 다가갔다.

"대감마님, 무어라 이르셨는지요?"

"그냥 가자고 했느니라."

"이런 고얀 놈을……."

"고얀 놈이 아니라 한 많은 중이니라."

"게다가 중이라면……."

금방이라도 시습을 때려잡을 기세로 눈에 핏발을 세웠다.

"이놈아, 한 세상 후리질로 살찐 육신 이제 그만 벗고 떠나거라!"

순간 정창손의 얼굴이 벌겋게 변했다.

"그만들 하고 빨리 가자하지 않았느냐!"

정창손의 목소리가 올라가자 갈도들이 서둘러 길을 잡아 나아갔다.

"이놈아, 그만큼 살았으면 위만 보지 말고 이제는 아래도 좀 보아라!"

시습이 조금도 굽히지 않고 소리를 질러댔다. 갈도들이 돌아보고 제지하려다 정창손의 표정을 살피고는 다시 앞으로 나아갔다. 물끄러미 바라보던 시습이 괴춤을 풀러 내리고 정창손이 가는 방향을 향해 오줌을 갈겼다. 그 모습을 지켜보던 사람들이 히죽거렸다.

시습이 바지를 제대로 입고 막 길을 가려는데 다시 소란스런 소리가 들려왔다. 소리 나는 쪽을 바라보니 방금 전과 같은 상황이 재현되고 있었다. 시습이 또다시 자리에 버티고 서서 초헌을 타고 오는 사람을 노려보았다. 서거정이었다.

"강중아. 요즘 잘 지내냐?"

서거정이 시습임을 확인하고는 초헌에서 내려 다가갔다.

"나는 잘 지내는데 자네는 어떤가?"

"이 정도면 내가 훨씬 더 잘 지내는 것 아니겠는가. 내 비록 교자는 타지 못하지만 든든한 다리로 버티고 땅을 밟고 살고 있으니 말일세."

"항상 건강하니 보기 좋네, 그려. 그나저나 식사는 하였는가?"

"밥은 먹지 않았지만 술은 배부르게 먹었네. 왜 내게 밥이라도 주려는가?"

"자네만 원한다면 밥이든 술이든 내 대접함세."

"일 없네. 나 줄 밥과 술 있으면 백성들에게 주게."

말을 마치자마자 획 돌아선 시습이 곧바로 앞을 보고 나아갔다. 혹시나 하고 모여든 사람들의 얼굴에 실망감이 역력했다. 그를 모른 체하고 시습이 서둘러 피맛길로 접어드니 예전에 자주 드나들었던 주막이 눈에 띄었다. 취기도 슬슬 사라지고 추억도 생각나 주막에 들자 주모가 반갑게 맞았다.

“아이고, 신동나리! 왜 이리 무심하셨습니까?”

“신동이 아니라 땡 중이라오, 땡 중.”

주막 한 쪽에서 두 사람의 대화를 들으며 시습을 유심히 살피는 사람이 있었다.

“왜 그러시오? 내 얼굴에 뭐가 묻었소?”

“그게 아니옵고, 정말로 김시습 아니 설잠 스님이십니까?”

사내가 허락도 없이 시습 앞에 자리 잡고 앉았다.

“그렇소만, 뉘시오?”

“소인이 술 한 잔 올려도 되겠습니까. 조선 최고의 천재를 뵙다니 이런 영광과 행운이 언제 또 있겠습니까.”

“잘되었네. 스님 혼자이신 모양인데 윤 생원이 모시게.”

주모가 대뜸 윤 생원이라 지칭하는 모습으로 보아 자주 들르는 사람인 듯했다. 아무리 살펴보아도 분명 만난 적 없는 사람이었다.

“허허, 초면인데 결례가 많소이다.”

“스님은 초면이시겠지만 소인에게 스님은 선망의 대상이십니다.”

“그런 말씀 마시오. 그러다 해를 입는 수가 있다오.”

“혹시 홍유손의 일을 이름이십니까?”

“그 일을 알고 있소?”

몇 년 전 원각사를 조성하고 낙성식을 거행하는 자리였다. 홍윤성, 서거정, 김수온 등 당대에 내로라하는 사람들과 대화를 나누고 있었다. 그때 생면부지의 사람이 다가와 인사했다. 그리고는 “이 조선 산하에서 스님의 학식과 도는 따를 자가 없다는 말을 여러 번 들었습니다. 이 시간 이후로 스님을 스승님으로 생각하며 깍듯이 모실 것이옵니다."라고 말했다. 결국 그 일이 빌미가 되어 미움을 사더니 귀양살이까지 하게 되었다. 그가 바로 홍유손이었다.

"알다마다요."

"그런데도 상관없소?"

"그런 일이 생긴다면 저로서는 오히려 영광이지요."

호탕하게 웃으며 말하는 윤 생원에게서 정이 듬뿍 묻어났다. 오랜 지기라도 만난 듯 윤 생원과의 대작이 길어졌다. 호의가 고마워 한 잔, 지난 시절이 떠올라 또 한잔하다보니 평상시보다 더 많은 양의 술을 마셨다.

어느 한순간 정신을 차리고 주위를 둘러보았다. 정갈한 방에 비단 이불을 덮고 누워있는 자신을 발견했다. 급히 자리에서 일어나 지난밤의 일을 기억하고자 하였으나 도무지 생각나지 않았다. 그저 윤 생원이란 자와 대작하기 시작하여 평시보다 과하게 마셨다는 일 외에는 아무것도 떠오르지 않았다.

"기침하였소?"

밖에서 소리가 나더니 이내 방문이 열렸다. 방문이 열리자 신숙주가 안으로 들어왔다. 의외의 인물의 등장이라 당황스러웠다.

"어떻게 된 일이오?"

"어제 스님이 한양에 행차하였다는 소식을 듣고 내 일부러 사람을 보내 스님과 대작하게 했소. 그리고 하인들을 보내 이곳으로 모시었소."

시습이 윤 생원의 얼굴을 떠올리며 피식하고 웃었다.

"이유가 뭐요?"

"방랑생활은 그만 접고 조정에 들어 아까운 재능을 살리자는 게요."

어제 저녁 일을 더듬어보니 한심스러웠다. 지기라고 생각하고 대작한 일도 그렇지만 호의에 감동되어 나눈 술이 기획된 일이었다니. 감쪽같이 속았다 생각하니 자꾸 실실 웃음만 났다.

"어찌 말이 없소?"

신숙주의 얼굴을 멀뚱히 바라보던 시습이 갑자기 자리에서 벌떡 일어났다.

"에이 더럽다!"

외마디 소리를 지르고는 뒤도 돌아보지 않고 방을 뛰쳐나갔다.

### 노원 풀빛

긴 제방에 풀들 어찌 그리 가늘고 긴지
무성하여 바람 일면 향기 그윽하네
강엄이 이별했던 포구 색보다 더욱 푸른데
이태백이 한강 굽어본다면 무슨 생각할까
풀 수북한 언덕 위 누런 송아지 누워있고
초목 우거진 다리 가 아지랑이 머금었네
왕손의 수많은 한 얼마나 넘쳐날까
뿌연 연기 성긴 비에 강남 생각나네

蘆原草色

長堤細草何毵毵(장제세초하삼삼) 萋萋風際香馣馣(처처풍제향암암)

江淹別浦色愈碧(강엄별포색유벽) 李白漢曲思何堪(이백한곡사하감)

蒙茸壟上沒黃犢(몽용롱상몰황독) 蔥蒨橋邊含翠嵐(총천교변함취람)

惹得王孫多少恨(야득왕손다소한) 淡煙疏雨懷江南(담연소우회강남)

앞의 시를 접하면 은연중 지금의 중랑천이 연상된다. 지금은 많은 변화가 있지만 필자의 어린 시절 모습은 시 내용과 얼추 비슷했다. 하천 주위에 제방이 둘러쳐져 있고 그야말로 가는 풀들이 제방을 채우고 있었다. 아울러 어린 시절 우리는 한내라 불렀는데 한내는 말 그대로 한강의 바로 위쪽에 흐르는 큰 물줄기라는 뜻으로 중랑천의 다른 이름이다. 역시 일화 한 토막 소개한다.

시습이 모내기를 끝내고 한가한 틈을 타 중랑포에서 배를 타고 한강으로 나가자 한명회가 자신의 정자인 압구정에서 망중한을 즐기고 있었다. 그를 살핀 시습이 가까이 다가가자 한명회가 마뜩치 않다는 표정을 지었다.

---

**江淹(강엄)** : 남조 양나라의 시인

**李白(이백)** : 당나라 시인 이태백

**王孫(왕손)** : 굴원의 초은사(招隱士)에 '왕손은 노닐면서 돌아오지 않는데, 봄 풀은 자라나서 무성하도다.'라는 글이 있다.

**江南(강남)** : 송나라 마존(馬存)의 연사정(燕思亭) 시에, '이백이 고래를 타고 하늘에 오르고 나니, 강남의 풍월이 한가해진 지 오래로다.'라는 글이 나온다.

"장난 칠 현판도 없는데 예까진 어인 일이오?"

시습이 일전에 압구정에 걸려 있던 현판 글씨 '靑春扶社稷(청춘부사직, 청춘에 사직을 붙잡았고), 白首臥江湖(백수와강호, 늙어서는 강호에 누웠노라)'에서 부(扶)를 위(危)로, 와(臥)를 오(汚)로 고쳐 '청춘에는 사직을 위태롭게 했고, 늙어서는 강호를 더럽혔다'로 바꾼 일을 의미했다.

시습이 대꾸도 하지 않고 배에서 내려 느닷없이 발을 씻기 시작했다. 한참동안 발을 씻고는 저고리까지 풀어헤쳤다.

"어허, 더러운 먼지를 씻어내니 머릿속은 물론 뼛속까지 깨끗해지는구나."

시습이 일부러 목소리를 높였다.

"발을 씻은 사람이야 깨끗해져서 좋겠지만, 더러워진 강물은 어찌하려오?"

"물은 흐르지요."

시선도 주지 않고 천연덕스럽게 받아 넘기자 게슴츠레 뜬 한명회의 눈이 반짝였다.

"당연하오, 물은 흐른다오. 발 씻은 물도 칼 씻은 물도 마찬가지로 흐르오."

계유정난을 위시하여 사육신 주도로 이루어진 단종 복위 과정에서 희생당한 사람들의 피를 의미했다. 순간 시습이 거침없이 흐르는 한강 한 가운데를 가리켰다.

"흐를 테지요. 그러나 저기 무엇이 보입니까?"

"세월 아니겠소."

한명회가 시습이 가리키는 곳을 바라보며 짤막하게 답했다.

"누구의 세월이오?"

"세월에 임자가 어디 있겠소. 뜨면 뜬 대로 가라앉으면 가라앉은 대로 그저 한데 어우러져 흘러가는 거 아니오?"

시습이 듣는 둥 마는 둥 흐르는 강물만 바라보며 딴청부렸다.

"왜 답을 않소?"

재차 묻는 한명회의 목소리가 살짝 떨렸다.

"물론 강물에 발을 씻는다고 흙탕물이 되지는 않습니다. 강물에 칼을 씻는다고 핏물이 되지도 않습니다. 저 흐르는 강물에서 세월이 보인다 하셨나요? 대감은 세월이 흐르고 흘러 저 강물처럼 어디론가 가버린다고, 아니 영원히 사라진다고 생각하십니까? 자손에서 다시 자손으로 끊임없이 이어지고 이어져 다시 돌아오는 것이 세월입니다. 물론 모습이나 상황은 조금 다르겠지요."

의미를 헤아리듯 심각한 표정을 짓고 있는 한명회의 모습을 힐끗 바라보던 시습이 괴춤을 풀더니 정자 가까이 다가가 시원스레 오줌을 갈기기 시작했다.

"지금 뭐하는 겐가!"

한명회의 목소리가 심하게 흔들렸다.

"이 냄새는 기억할 거요."

시습이 옷매무시를 가다듬는 사이 술병을 든 한명회가 시습이 오줌 눈 자리에 술을 뿌려댔다. 순간 흙이 시습의 다리로 튀었다.

"이 향기도 남을 걸세."

잠시 한명회를 멀뚱히 쳐다보던 시습이 강가로 다가가 발을 씻기 시작했다.

"이보시게, 설잠. 후세 사람들이 이 자리를 가리켜 김시습이 오줌 눈 자리라 하겠나, 아니면 한명회가 술을 뿌린 자리라 하겠나?"

시습이 몸을 일으켜 한바탕 호탕하게 웃어젖히고 소리를 높였다.
"그건 칠삭둥이가 판단할 몫이 아니지요."

벽에 제하다

수락산에 있는 옛 절 찾아
지난해 또 올해 석장 짚었네
머리 가에 세월 빠르게 지나가고
눈 앞에 세월 새처럼 날아간다네
허름한 집 모습이야 괴이한들 어떠랴
조촐한 음식만 허락되면 천성대로 즐기리
흥 일면 지팡이 짚고 가벼이 거닐었던 길
슬피 우는 매미소리 현악기 닮았구나

題壁

水落山中尋古寺(수락산중심고사) 前年街錫又今年(전년가석우금년)
頭邊日月跳丸過(두변일월도환과) 眼底星霜飛鳥遷(안저성상비조천)
破屋何妨容此幻(파옥하방용차환) 淡餐且可樂吳天(담찬차가락오천)
興來支杖經行處(홍래지장경행처) 風樹鳴蜩咽似絃(풍수명조인사현)

김시습이 수락산 흥국사(당시 사찰명은 수락사)를 방문하여 주변을 둘러보던

중 벽에 쓰인 한 시를 발견한다. 무심코 시를 읽어가던 김시습의 시선에 글 마지막에 쓰여진 글자가 정면으로 다가왔다. 바로 四佳(사가)란 두 글자였다.

사가는 서거정의 호로, 그를 살핀 김시습이 예의 장난기가 발동하고, 그래서 바로 곁에 앞의 시를 남긴다. 물론 후에 서거정과 한잔 술에 앞의 일을 놓고 한바탕 웃어넘긴다.

취유부벽정기 중에서

몇 몇 성긴 별 하늘 궁전 지키니
은하수 맑고 얇어 달 더욱 밝다네
좋은 일 모두 허사였음 이제야 알겠으니
이생에서 인연 다음 생에 점치기 어렵네

幾介疎星點玉京(기개소성점옥경) 銀河淸淺月分明(은하청천월분명)
方知好事皆虛事(방지호사개허사) 難卜他生遇此生(난복타생우차생)

어찌하여 밤은 그토록 길기만 하던지
새벽녘에 둥근달 담장에 걸려있네
이제 그대와 세속에서 멀어졌으나
만나서 평생에 기쁨 여한 없이 누렸네

夜何如其夜向闌(야하여기야향란) 女墻殘月正團團(여장잔월정단단)

君今自是兩塵隔(군금자시양진격) 遇我却賭千日歡(우아각도천일환)

금오신화의 '취유부벽정기'에 실려 있는 작품이다. 금오신화는 김시습이 경주 금오산에 기거하면서 지은 작품이라는 설이 유력하지만 절대적은 아니다. 하여 필자는 앞의 시는 김시습이 수락산에서 사랑하는 아내를 보내며 지은 작품으로 그리고 후일 금오신화에 삽입되었다 간주한다.

김시습은 1452년(단종 원년) 18세에 훈련원 도정인 남효례의 무남독녀와 가례를 올린다. 그러나 무슨 이유에서인지 두 사람의 관계는 오래 이어지지 못하고 혼인한 이듬해에 파혼한다. 그리고 얼마 지나지 않아 계유정난이 발생하고 중이 되어 그야말로 여자 보기를 돌같이 하게 된다.

그런 김시습이 수락산에서 파계하며 안 씨 성을 가진 여인과 가례를 올린다. 1481년 김시습의 나이 47세 때의 일이다. 그러나 김시습의 운명처럼 부인은 이듬해에 생을 달리한다. 불꽃보다 뜨겁게 사랑했던 여인을 마음에서 보내기 어려웠던 김시습은 새로운 방향을 모색한다.

**아침 해**

**(朝日)**

朝日照欄干(조일조난간) 아침 해 난간에 비추니

鮮麗光可悅(선려광가열) 밝고 고운 빛 즐길만하고

浥浥草上露(읍읍초상로) 촉촉하게 젖은 풀 위 이슬

團團手可綴(단단수가철) 손으로 둥글게 엮을 수 있네

東峯霧初霽(동봉무초제) 동봉에 안개 개기 시작하자

磊碨丘壑列(뇌외구학렬) 돌들 우툴두툴 골짜기에 벌려 있어

醒然心爽塏(성연심상개) 꿈 깨듯 마음 시원스레 트이고

身輕秋隼掣(신경추준철) 몸 가벼운 가을 매 펄럭이네

灌我園中花(관아원중화) 내 정원 꽃에 물 주고

庭除掃令潔(정제소영결) 뜨락 깨끗하게 쓸면서

凝然夜旦氣(응연야단기) 주야로 기에 진중하여

方壹未接物(방일미접물) 바야흐로 사물 접하지 않네

但使至日昏(단사지일혼) 날 어두워지기 시작하더라도

勿爲形所拂(물위형소불) 본 바탕 떨쳐버리지 마시게

聖賢如此耳(성현여차이) 성현도 이와 같을 뿐이니

匪遠最親切(비원최친절) 최상의 친절 멀지 않다네

嗟哉行屐人(차재행극인) 가여워라, 나막신 신고 가는 자여

孜孜莫踐末(자자막천말) 끝 밟지 말도록 부지런하시게

파계할 정도로 사랑했던 부인이 사망하자 김시습이 지난 시간을 훑어보았다. 중 주제에 무슨 사랑 놀음이라니, 그것도 파계까지 하면서. 그런데 오히려 그 사랑이 아내의 명을 단축했다는 자책감에 사로잡힌다. 하여 스스로를 견디지 못해 거처를 상기 시에 등장하는 동봉 아래로 옮긴다.

물론 동봉은 수락산의 주봉으로 그 바로 아래에 새로운 보금자리를 마

---

**丘壑 (구학)** : 일구일학(一丘一壑)의 준말로 은거지(隱居地)를 말한다.

련한다. 그리고 그동안 자신이 느낀 바를 정리하기 시작한다. 이른바 '생사론'과 '귀신론'이 그것이다. 이를 그의 제자인 남효온에게 전수하는데 그 과정을 이야기로 풀어보자.

"이제는 남은 삶을 다르게 살아볼 참이오."

"다르게라니요?"

"귀신처럼 살려는 게지요."

"귀신이라니요?"

답에 앞서 시습이 술잔을 비워냈다.

"이번에 안사람을 보내면서 생과 사 그리고 귀신에 대해 많은 생각했소."

"상세히 말씀주시겠습니까."

"천지 사이에는 오직 기(氣)가 운동하고 있지요. 단지 나타나는 현상이 다를 뿐이다, 이거요."

"알아들을 수 있도록 쉽게 말씀해주시겠습니까."

"그러니까 기란 굽혔다 펴기도 하고, 차기도 하고 비기도 하오. 펴면 가득 차고, 구부리면 텅 비지만, 가득 차면 도로 나오고 텅 비면 도로 돌아간다오. 해서 나오면 '신'(神)이라 하고 돌아가면 '귀'(鬼)라 하지요. 실리(實理)는 하나인데 단지 나눔이 다를 뿐이다, 이 이야기요."

"이 세상은 기라는 물질로 이루어져 있다는 이야기로 초심에서 자연의 순리를 따르시겠다는 말씀이시네요."

"그렇소. 만물의 본질은 기, 즉 물질이라는 말이오."

남효온이 고개를 갸웃거렸다.

"그 이론은 이(理)를 강조하는 주리론과 배치됩니다."

"물론 그렇소. 흔히 주리론이란 사대부들이 지배체제를 합리화하기 위해 내세우는 거 아니겠소."

남효온이 고개를 끄덕였다.

"그러시다면 생과 사란 무엇인지요?"

"기를 만물의 본질로 보면 아주 간단하오."

남효온이 얼른 잔을 비우고 귀 기울였다.

"천지 사이에 나고 또 나서 다함이 없는 것은 도(道)요. 모였다 흩어졌다 왔다 갔다 하는 것은 이(理)의 기(氣)라고 한다면, 모이는 것이 있으므로 흩어진다는 이름이 있게 되고, 오는 것이 있기 때문에 간다는 이름이 있게 되지요. 또 생(生)이 있기 때문에 사(死)라는 이름이 있게 되었으니, 이름이란 기의 실사(實事)가 아니겠소. 기가 모여 사람이 태어나면 그를 생이라 하고, 기가 흩어져 사라지면 귀(鬼)가 되니 그를 사라고 한다, 이 말이오."

"그렇다면 생과 사는 결국 하나라는 말씀이십니다."

"바로 그 말이라오."

"감축드립니다, 스승님."

말을 마친 남효온이 공손하게 자신의 잔을 시습에게 건넸다.

"그건 무슨 소리요?"

"스승께서 귀신, 아니 신선이 되신 듯합니다."

---

**黃庭(황정)** : 도교 경전인 황정경

수락산 성전암에 제하다

산중에 나무 베는 소리 쩡쩡 울리고

곳곳에 그윽한 새들 갠 저녁 희롱하네

바둑 파하고 시골 늙은이 돌아간 뒤에

푸른 그늘로 책상 옮겨 황정경 읽네

題水落山聖殿庵

山中伐木響丁丁(산중벌목향정정) 處處幽禽弄晩晴(처처유금농만청)

碁罷溪翁歸去後(기파계옹귀거후) 綠陰移案讀黃庭(녹음이안독황정)

성전암은 당시 흥국사에 있던 암자 명으로 이 대목에서는 김시습과 그의 제자들 간의 만남을 이야기로 꾸며보았다.

시습이 다시금 머리를 깎고 중으로 돌아갔다. 그 시기에 남효온이 홍유손과 평상시 긴밀한 관계를 맺고 있는 김일손을 대동하고 수시로 수락산을 방문했다. 시습 역시 그동안 자신이 겪은 많은 경험과 그를 통해 발견하고 정립한 이론들을 나누고자 그들의 방문을 반겼다.

그들은 늘 술을 가지고 찾아왔으나 대화의 시작은 항상 차로 열었다. 그렇게 대화가 시작되면 네 사람은 시간 가는 줄도 모르고 대화를 나누고는 했다. 그날도 그들과 함께 차를 마시며 환담을 나누기 시작했다.

"추강, 근자에 들어 혈색이 좋지 않아요. 무슨 일 있소?"

시습이 날이 갈수록 쇠약해지는 남효온을 걱정하며 화두를 건강으로 잡았다.

"스승님 말씀대로 저도 조만간 사(死)로 돌아가 귀신이 되려는가 봅니다."

남효온이 씁쓰레한 표정으로 말을 받자 시습이 조용히 나무관세음보살을 읊조렸다.

"물론 되어가는 일을 거역할 수도 탓할 수도 없지요. 허나 너무 이른 것도 자연에 역행하는 일이지요. 특히 추강의 경우는 말입니다."

"과찬의 말씀이십니다."

시습이 남효온의 표정을 유심히 살폈다.

"왜 그러시는지요."

"추강은 여기 있는 그 누구보다 오래 살아남아 자신에게 주어진 역할을 완수해야 하지 않겠소."

"저의 역할이라 하심은."

"이 시대의 물줄기를 바로 잡아야 한다는 말입니다."

"시대의 물줄기요?"

김일손이 끼어들었다.

"그 부분에서는 김 군도 한몫해야지."

"시대가 어떻다는 말씀이신지요?"

"이 조선의 일만을 놓고 생각해보세. 조선이 창업된 이후 이런저런 평지풍파를 겪고 서서히 안정을 찾고 반석에 오르게 되면 새로운 변화, 아니 애초에 시도하려했던 의도를 완성하려 할 것이네."

"그러면 정상이 아니온지요."

"어떻게 바라보느냐에 따라 다르지."

"그 말씀은 무엇을 의미하는 겁니까?"

"나는 정상이라기보다 한쪽으로 치우치는 것이라 생각하네."

"하오면."

시습이 말을 잇기 전에 홍유손을 바라보았다.

"홍 군, 기가 한 곳으로 쏠리면 어떻게 되는가?"

홍유손 역시 대답하기 전에 남효온을 바라보자 자연스럽게 김일손의 시선도 추강에게로 쏠렸다.

"왜 나를 보는 거요?"

"지금 추강의 상태가 그리 보입니다."

"그게 무슨 소리요?"

"기가 온몸에 골고루 퍼져야 정상인데 그렇지 않으니 몸이 제대로 작동하지 못하고 있다, 이겁니다."

"그 말은 맞네만."

수긍하는 추강의 표정에 그늘 한 점이 스쳐지나갔다.

"바로 국가의 일도 그러하다, 이 말입니다."

"어떻게요?"

김일손의 질문이었다. 시습은 흐뭇한 미소를 머금고 대화를 듣고만 있었다.

"가령 이런 경우네. 여기 계신 스승님의 스승님이신 설준 스님 그리고 많은 불자들이 박해를 당하고 있지 않은가."

"그 문제가 무슨……"

"그 시작이 어딘가?"

"그야 고려……"

김일손이 말하다 말고 무언가에 골똘하다 다시 입을 열었다.

"한쪽으로 너무 지나치면 득보다는 실이 된다는 말씀이시지요."

홍유손이 시습을 바라보았다. 스승님이 결론을 내려달라는 눈치였다.

"김 군!"

"네, 스승님."

"정치란 무엇인가?"

"조정 대신들이 자신의 역할에 충실하여 임금과 더불어 국가를 잘 다스리는 일이 아닌지요."

"물론 틀린 말은 아니네. 그러나 그 본질을 먼저 생각해보게."

"본질이라 하심은."

"임금과 대신들이 어떻게, 왜 존재해야 하느냐의 문제 말일세."

"가르침을 주십시오."

"임금이나 대신들은 백성들이 있기에 존재하는 것이 아닌가?"

"그러합니다."

"그러면 임금과 백성간의 상관관계는 무엇일까, 그 본질은?"

"서로가 서로를 존중하고 아껴야 한다는 말씀이신지요."

시습이 대답 대신 미소를 보내자 곁에 있던 남효온과 홍유손도 한창 피가 끓을 나이의 김일손을 보며 미소 지었다.

"임금이 부리는 것은 백성들이지. 아니 부린다기보다 가장 존중해야 하는 것이 바로 백성이지. 그러므로 백성의 마음 즉 민심과 함께해야 함이 본질이라 이 말이네."

"그렇게 하지 않으면요?"

"그거야 당연한 일 아니겠나. 민심이 함께하면 만세토록 성군이 될 수 있으나, 민심이 떠나서 흩어지면 하루 저녁도 가기 전에 필부가 되고 말지."

"곧 백성과 임금은 한 몸이라는 말씀이시군요."

"물론 이 자연도 마찬가지고요."

홍유손이 끼어들었다.

"이 세상의 모든 이치가 그와 같다네."

"하오면 어떻게 정치해야 하는지요."

시습이 남효온과 홍유손의 얼굴에 정점을 찍 듯 바라보았다. 답례하듯 두 사람의 표정 또한 매우 진지했다. 다시 김일손에게 고개를 돌렸다.

"이 조선의 건국이념인 유교의 본질은 무엇인가?"

"그야 사람으로서의 행동에 관한 지침이라고 생각합니다. 군주는 군주로서, 신하는 신하로서 그리고 백성은 백성으로서."

"맞네. 그럼 지금 이 나라가 그대로 가고 있다 보는가?"

김일손이 머뭇거렸다.

"유교는 그저 이론에 불과하다는 말씀이지요."

남효온이 얼른 끼어들었다.

"그렇지요. 그런데 자기성찰 즉 깨달음 없는 이론이 영속적으로 그리고 진심으로 이행될 수 있겠소."

모두 고개를 절레절레 흔들었다.

"하오면 스승님은 어찌 생각하시는지요."

물론 김일손의 질문이었다.

"아무리 뛰어난 이론이라도 깨달음이 선행되지 않으면 사상누각이네. 아무 쓸모도 없는 겉치레, 즉 쓰레기에 지나지 않지."

"그러니까 불교와 유교가 서로 조화를 이루어야 한다는 말씀이시지요?"

"그뿐만이 아닐세."

"하오면."

"현재 상황을 잘 살펴보세. 불교는 고려의 국교 아니었던가."

"그렇습니다."

"하지만 조선은 불교를 배척하고 유교를 건국이념으로 채택하지 않았나."

"맞습니다."

"그 상관관계를 잘 생각해보게."

김일손이 눈을 굴리며 생각에 빠져있는 사이 남효온이 대화를 이었다.

"그럼 불교와 유교가 따로 놀 수밖에 없다는 말씀이십니까?"

"그렇지 않겠소. 불교와 유교만을 놓고 본다면 둘은 별개이지 않소."

"스승님은 그 별개의 둘을 조화롭게 이어주는 무언가가 필요하다는 말씀입니까? 말하자면 도교 같은."

홍유손이 바로 치고 나갔다.

"바로 그 말이네. 불교나 유교가 현실의 통치이념과 결부되니 도교와 같은 무위자연사상이 생기는 거 아니겠나. 결국 티끌만한 사심도 버려야한다는 말이네. 인간 본성과 현실적인 도리가 되어버린 불교와 유교의 속성에 도교의 개념을 더하면 좀 더 평온한 세상이 될 수 있다 생각하네."

시습이 차 한 모금 마시고 다시 말을 이었다.

"현실에서 이들의 어느 면을 강조하느냐에 따라 해석과 결과가 달라지지 않는가. 결국은 우주만물의 존재를 귀히 여기고 그들을 선하게 대하는 마음을 수양함으로써 어느 한 쪽으로도 치우치지 않게 중심을 바로 세워야 한다는 말일세."

"유교, 불교, 도교의 조화와 화합을 통해 치우침이 없어야 사람이나 이 세상이 원활하게 흘러갈 수 있다는 가르침이네요."

스스로 결론내린 김일손의 얼굴이 밝게 빛났다. 시습이 그런 김일손의 표정을 살피고는 차를 음미하며 천천히 마셨다.

"그 비결이 어디에 숨어 있는지 아시는가?"

시습이 찻잔을 내려놓으며 나직이 물었다. 전혀 예기치 못한 질문에 김일손은 물론 남효온과 홍유손도 바짝 긴장하고 있었다.

그들의 마음과는 달리 시습은 태연하게 차를 따르기 시작했다. 김일손이 시습의 행동을 유심히 살피고 자신 앞에 놓인 찻잔을 바라보았다.

"혹시 이 차와……"

시습이 대답 대신 묵묵히 모두의 얼굴을 번갈아 바라보았다.

"혹여 다도(茶道)라고 들어본 적 있으신가?"

모두가 고개를 갸우뚱거렸다.

"이 차가 셋을 아우르는 도(道)일세."

"도라 하셨습니까?"

젊은 혈기의 김일손이 역시 민감하게 반응했다.

"김 군은 차를 마실 때 마음가짐이 어떠한가?"

김일손이 대답에 앞서 상황을 더듬어보고는 바로 입을 열었다.

"차를 마실 때면 이상하리만치 모든 격정과 분노가 사라지고 평상심이 회복됩니다. 때로는 자연과 혼연일체가 되는 느낌도."

"그러니 그게 뭔가?"

"차를 마심으로써 삼라만상을 다스린다는 말씀이신지요."

홍유손이 은근한 투로 답했다.

"글쎄. 다스린다는 말은 어폐가 있다 생각하네. 삼라만상과 어우러지고 함께하고 녹아들면서 하나가 되는 것이지."

"스승님 말씀이 지당하옵니다."

답을 하는 김일손의 얼굴에 충만감이 엿보였다.

"역시 김 군이 예사 인물은 아니네. 다도를 득하고 말이야."

"스승님께서 쉽게 이해할 수 있도록 이끌어주신 덕분입니다."

"그런가?"

설잠이 마치 김일손에게 반문이라도 하듯 눈을 동그랗게 뜨고 쳐다보았다.

"왜 그러시는지요?"

"그러니까, 오래전 일이네."

모두의 시선이 시습에게 집중되었다.

"경주에 터를 잡고 있을 때였네. 어떻게 알았는지 일본에서 준초라는 선승이 통역하는 사람을 대동하고 찾아와서 다도를 배워간 적이 있었네."

"일본에서요! 그곳에는 차가 없습니까?"

"차가 없어서가 아니라 치우침 때문이었네. 귀족들 사이에만 형성된 차

문화가 매우 사치스러워 일상에 쫓기는 백성들은 감히 엄두도 못 내었지."

"그래서 스승님께 배우러 온 것이군요. 쉽게 이해하여 백성도 차를 접할 수 있게 하기 위해서요."

"허허, 이야기를 하다 보니 내 자랑이 되어버렸구먼. 그럼 다도는 그만 접고 이제 주도에 빠져봄이 어떻겠나."

"기다렸던 말씀입니다."

말이 떨어지기 무섭게 김일손이 술과 안주를 챙겨왔다.

수락산 저녁 노을

한 점 두 점 저녁노을 밖으로
서너 마리 외로운 집오리 돌아가네
높은 봉우리 산 중턱 그림자 오래 바라보니
수락산은 푸른 이끼 낀 물가 드러내려하네
날아가는 기러기 낮게 돌며 떠나지 못하고
둥지로 돌아오던 갈까마귀 다시 놀라 날아가네
하늘 끝 다함없으니 어찌 생각에 한계 있으랴
붉은 빛 드리워진 그림자 맑은 빛에 흔들리네

水落殘照

一點二點落霞外(일점이점낙하외) 三个四个孤鶩歸(삼개사개고목귀)

峯高剩見半山影(봉고잉견반산영) 水落欲露靑苔磯(수락욕로청태기)

去雁低回不能度(거안저회불능도) 寒鴉欲棲還驚飛(한아욕서환경비)

天涯極目意何限(천외극목의하한) 斂紅倒景搖晴暉(염홍도경요청휘)

앞의 시 내용을 살피면 김시습이 마음을 정리하고 수락산을 떠나기 직전에 지은 듯 보인다. 특히 그의 속내가 '天涯極目意何限(천외극목의하한, 하늘 끝 다함없으니 어찌 생각에 한계 있으랴)'에 드러난다. 또 다른 생각을 품었음을 넌지시 암시하고 있다. 따라서 斂紅倒景(염홍도경, 붉은 빛 드리워진 그림자)은 김시습 자신을 암시하는 듯 보인다.

여하튼 수락산을 떠난 김시습은 강릉, 양양 등을 거치고 1493년 (성종 24년) 59세에 부여 무량사에서 생을 마감한다.

## 김시습과 남효온

생육신 중 한 사람인 남효온(南孝溫, 1454~1492)은 김시습에게 특별한 인물이다. 무려 열아홉의 나이 차가 나지만 천하의 김시습이 남효온에게만큼은 하대하지 않았다. 물론 남효온이 보인 행적 때문에 그러하다.

김시습이 수락산에 터 잡기 전 해인 1471년의 일이다. 당시 18세에 불과했던 남효온이 소를 올려 문종의 비 현덕왕후(顯德王后)의 능인 소릉(昭陵)을 복위할 것을 주장했다. 이는 세조 즉위와 그로 인해 배출된 공신의 명분을 직접 부정한 일로 당시로서는 매우 위험한 행동이었다.

이로 인해 훈구파의 심한 반발을 사서 임사홍, 정창손 등이 그를 국문할 것을 주장했고 기득권 세력들로부터 미움을 받게 되었고, 세상 사람들도 그를 미친 선비로 지목하였다.

이는 군기시에서 효수 당한 사육신의 수급을 훔쳐내어 노량원에 장사지냈던 자신의 행동과 같은 반열의 즉 의로운 행동으로 받아들였다. 하여 의인에 대해서는 한시도 공경을 버리지 않는 김시습에게 다른 사람과 같을 수는 없는 노릇이었다.

수락산에서 김시습과 남효온의 여정을 그린 작품 세 편 소개한다.

수락산으로 청은(김시습)을 찾아가다 길을 잃었다. 30리쯤 갔을 때 계곡의 근원이 비로소 다하고 길가에 복숭아 열매가 있었다. 가지를 휘어잡아 따 먹으니 주린 배가 불렀다. 2수

하나

하루 종일 험한 산길 걷고 개울 하나 건너니
저녁 바람 괴이한 새 울음소리 같다네
산 막힌 곳 돌 틈에 복숭아꽃 나무
주렁주렁 가을 열매 나그네 향해 드리웠네

둘

맹수 막 지나간 자취 마르지 않았는데

수락산에서 바라본 서울(저 멀리 남산 타워가 보인다)

구름 깊은 어느 곳이 도인 사는 집인가
나무들 하늘에 닿아 길 없는가 했더니
조용히 보니 날다람쥐 바위틈으로 숨네

訪淸隱于水落山失路。將三十里。溪源始窮而有桃實垂路。攀枝摘食。飢腹果然。二首

一

竟日崎嶇渡一溪(경일기구도일계) 晩風吹進怪禽啼(만풍취진괴금제)
山窮石角桃花樹(산궁석각도화수) 秋實離離向客低(추실리리향객저)

二

虎豹新過跡未乾(호표신과적미건) 雲深何處道人壇(운심하처도인단)
參天樹木疑無路(참천수목의무로) 靜看蒼鼯竄石間(정간창오찬석간)

동봉거사(김시습)를 방문하다

온 내에 꽃잎 떨어져 여름 반쯤 지나자
대 지팡이에 청전 두르고 대무 방문했네
날씨 무더워도 공의 백설 잡을 것 없고

객의 즐거움 다하여도 이별가 부르지 않네

민둥 나무에 바람 불면 구름 계곡에 눕고

곤산에 거문고 울릴 때 늙은 할멈 곡하네

내일 아침 말 몰아 속세로 돌아가야 하거늘

뒷날 푸른 산속에서 없는 나를 기억하실지

訪東峯居士

一川花落夏將半(일천화락하장반) 竹杖靑纏訪大巫(죽장청전방대무)

執熱不煩公白雪(집열불번공백설) 盡歡休唱客驪駒(진환휴창객여구)

風吹禿樹臥雲壑(풍취독수와운학) 琴徹坤山哭老嫗(금철곤산곡노구)

策馬明朝將入市(책마명조장입시) 碧峰他日記余無(벽봉타일기여무)

## 동봉께 드리다 2수

(贈東峯 二首)

하나

---

**行纏(행전)** : 바짓가랑이를 좁혀 보행과 행동을 간편하게 하기 위하여 정강이에 감아 무릎 아래에 매는 물건

**大巫(대무)** : 큰무당으로, 사리에 밝고 현명하여 경복(敬服)할 만한 사람 즉 김시습을 지칭한다.

**白雪(백설)** : 김시습의 높은 격조와 초탈한 인품을 뜻한다.

**驪駒(여구)** : 이별을 고하면서 부르던 노래인데 흔히 이별가를 뜻하는 말로 쓰인다.

文名三十載(문명삼십재) 문명 드날린 삼십 년 동안

足不履京師(족불리경사) 한양 땅 밟지 않으셨다네

水落前巖得(수락전암득) 수락산 바위 앞에 자리잡으니

春來庭樹宜(춘래정수의) 봄이 와 뜰에 나무 제격이라오

禪師不喜佛(선사불희불) 선사는 부처 좋아하지 않으시고

弟子摠能詩(제자총능시) 제자는 모두 시에 능하다오

自恨身纏縛(자한신전박) 이 몸 묶여 있어 스스로 한스러우니

尋師意未施(심사의미시) 스승 찾아갈 뜻 이루지 못한다오

둘

曾與山靈約(증여산령약) 일찍이 산신령과 약속했는데

寒盟可忍爲(한맹가인위) 어찌 차마 맹세 저버릴까요

閒花開壑日(한화개학일) 그윽한 꽃 골짜기에 피는 날

老子訪君期(노자방군기) 이 몸 선생 방문하려오

月上新蛾彀(월상신아구) 달 떠올라 새 나방처럼 휘고

時春積雪澌(시춘적설시) 때는 봄이라 쌓인 눈 녹으리니

道經知寫否(도경지사부) 도경은 이제 모두 베끼셨는지

白日長靈芝(백일장영지) 대낮에 영지는 잘 자라겠습니다

앞의 글에 김시습이 화답한다.

하나

堪笑消□子(감소소□자) 우습구나 사라진 □ 그대여
呼余髠者師(호여곤자사) 머리 깎은 나를 스승이라 부르네
少年儒甚好(소년유심호) 소년 시절 유학 심히 좋아하였고
晩節墨偏宜(만절묵편의) 늙어서는 문장 두루 좋아하였네
秋月三桮酒(추월삼배주) 가을 달에 석 잔 술 마시고
春風一首詩(춘풍일수시) 봄바람에 한 수 시 짓는다네
可人招不得(가인초부득) 뜻 맞는 사람 불러도 오지 못하니
誰與步施施(수여보시시) 누구와 함께 신나게 걸어볼까

둘

春意滿蒲池(춘의만포지) 봄뜻 창포 연못에 가득하니
蝡蝡活卽師(윤윤활즉사) 꿈틀꿈틀 살아 곧 스승이네
茅簷短更喜(모첨단갱희) 띳집 처마 짧아 더욱 기쁘고
風日暖相宜(풍일난상의) 날씨 따뜻하여 서로 알맞네
溪畔探梅興(계반탐매흥) 시냇가에 매화 찾는 흥취
樽前問月詩(준전문월시) 술통 앞에서 달에게 시 묻네
逢君聯席話(봉군연석화) 그대 만나 함께 앉아 얘기할 때
吳欲效東施(오욕효동시) 나는 동시를 본받으려 할 뿐이오

셋

聞子勞筋力(문자노근력) 그대 기력이 수고롭다 들으니

方將大有爲(방장대유위) 이제 곧 크게 할 일 있을 터네

須窮芸閣袠(수궁운각질) 모름지기 교서관의 서적 모두 읽고

莫負桂香期(막부계향기) 장원 급제할 기약 저버리지 마시게

漁艇搖殘照(어정요잔조) 고기잡이배 저녁 노을에 흔들리고

鷗波漾泮澌(구파양반시) 갈매기 물결 물가 얼음에 출렁이리

贊房交契友(찬방교계우) 찬방에서 교제 맺은 친구들

滿室是蘭芝(만실시난지) 방 가득한 난초와 영지라네

넷

世人何貿貿(세인하무무) 세상 사람 어찌나 사리에 어두운지

斥鷃笑南爲(척안소남위) 메추리가 대붕 비웃 듯하네

---

□ : 원본에 글자가 비어 있는데 상기 글 그리고 김시습의 익살을 살피면 일부러 비워놓은 것은 아닌가 하는 생각하게 된다.

**吳欲效東施(오욕효동시)** : 못난 내가 아름다운 그대를 분수에 넘게 흉내 내겠다는 말이다. 월(越)나라 미인 서시(西施)는 얼굴을 찡그리면 그 모습이 더욱 아름다우니, 이웃의 못생긴 여인 동시(東施)가 이를 흉내 내어 찡그렸다고 한다.

**芸閣(운각)** : 교서관의 별칭

**贊房(찬방)** : 찬공(贊公)의 방으로 찬공은 두보(杜甫)와 교유한 승려이다.

**斥鷃笑南爲(척안소남위)** : 하늘 높이 구만 리나 날아오른 뒤에 남명(南冥)으로 옮겨가는 대붕(大鵬)을 보고 척안(斥鷃)이라는 작은 메추리가 비웃으며 말하기를, "저 새는 또 어디로 가는가. 나는 펄쩍 날아올라 몇 길도 오르지 못하고 내려와서 쑥대 사이를 날아다니매 이 또한 지극히 즐겁거늘, 저 새는 또 어디로 가는가." 하였다.

**登瀛(등영)** : 등영주(登瀛洲)의 준말로 선비가 영예를 얻은 것을 신선이 산다는 전설상의 산인 영주에 오르는 일에 비교한 것이다.

行業如先勵(행업여선려) 먼저 힘쓰면서 불도 닦으면
功名自有期(공명자유기) 공명은 절로 기약함 있으리
陽和浮土脈(양화부토맥) 따뜻한 봄날 지맥 떠오르고
日暖泛春澌(일난범춘시) 햇볕 따뜻하여 봄 물 불어난다네
咫尺登瀛近(지척등영근) 영주에 오름은 지척으로 가까우니
憑余莫討芝(빙여막토지) 나에게 의지하여 영지 찾지 마오

김시습을 찾아서

김창협(金昌協, 1651~1708)이 제자들과 도봉산에 있는 도봉서원을 방문하고 이어 수락산 석천동(장암)에 있는 매월당 영당(박세당과 그 아들 박태보가 세움)을 방문하자, 그 중 한 사람이 고개를 갸웃거리며 입을 연다.

"저희들이 함께 이 사람을 배알하는 것은 온당치 않은 일 아닙니까?"

이에 대한 김창협의 답변이다.

"그가 머리를 깎고 모습을 바꾸었다고 하여 그렇게 말하는 것인가? 그대는 한유의 글에서 '묵가의 이름에 선비의 행실'이라는 말을 읽지 못하였는가? 이 사람이 비록 자취는 불문에 부쳤으나 뜻은 유교에 있었기에 수립한 바가 탁월하였으니 어찌 배알하지 않을 수 있겠는가?"

그리고 제생들을 이끌고 매우 공경히 예를 행하였다.

김시습은 조선이 금기시 여기던 불교에 귀의하였다는 이유로 공적으로는 배타의 대상이었다. 그러나 김창협처럼 김시습의 진면목을 알고 있는

사람들이 김시습의 흔적을 찾아 그를 기리며 작품을 남긴다. 그 중에서 몇 작품만 실어본다.

### 수락동에서 김시습을 회고하다

(水落洞。懷梅月翁)

신응시(辛應時, 1532~1585)

清隱舊遊地(청은구유지) 청은이 예전에 놀던 곳
東峯今在玆(동봉금재자) 동봉은 지금 이곳에 있네
風流入遐想(풍류입하상) 풍류는 마음속에 아련하고
水石有餘姿(수석유여자) 수석에 자태 남아있네
欲泝眞源逈(욕소진원형) 진원 따라 거슬러 오르려는데
難教白日遲(난교백일지) 햇살 더디게 하기 어렵네
花明鳥語句(화명조어구) 꽃 밝고 새들 지저귀니
吟後更能諸(음후갱능제) 읊은 후에 다시 모든 것 통달하네

梅月堂久栖此山 매월당 이 산에 오래 머물렀고
自號東峯隱者 스스로 호를 동봉은자(동봉에 숨은 사람)라 하니
卽指此也 바로 이곳이고
又號碧山淸隱 또 벽산 · 청은이라 자호하네
梅月堂詩 매월당 시에

수락산에서 바라본 도봉산

有'宿露未晞山鳥語' '밤 이슬 마르지 않았는데 산새 지저귀고'

'東風不盡野花明'之句 '샛바람 다하지 않았는데 들꽃 밝네' 라는 구절 있는데

企齋以爲絶唱 '기재'가 뛰어난 시라 했네

신응시는 조선 조 청렴의 대명사로 불린 인물로 예조·병조 좌랑, 전라도관찰사, 병조참지, 대사간, 홍문관부제학을 역임했다. 시에 등장하는 企齋(기재)는 인종 시절 대제학을 역임했던 신광한(申光漢)의 호다. 신숙주의 손자로 '기재기이'라는 단편 소설을 지어 김시습의 한문 소설인 금오신화와 허균의 홍길동전의 가교 역할을 하였다. 신응시가 여러 사람과 함께 수락산을 찾은 모양인데, 이와 관련한 시를 이곳에 실어본다.

수락동에서 벗을 기다리며

(水落洞待友)

出郭無塵事(출곽무진사) 성 벗어나니 속세의 일 없어

尋幽向碧山(심유향벽산) 그윽함 찾아 푸른 산으로 향하네

花燃明古峽(화연명고협) 꽃 타올라 오래된 골짝 밝고

水落吼重灣(수락후중만) 물 떨어져 여러 굽이에서 울어대네

勝境何須險(승경하수험) 멋진 경치에 험함 따질 필요 있겠는가

淸遊正坐閑(청유정좌한) 바로 한가하게 앉아 맑음 즐기네

有期人不至(유기인부지) 만나기로 한 사람 도착하지 않아

凝睇暮雲間(응제모운간) 저물녘 구름 사이 눈여겨 보네

신응시와 관련한 일화 한 토막 소개한다. 이긍익의 연려실기술에 기록되어 있다.

『전라도 남원에 한 부자가 있었는데, 성품이 어리석고 미련하며 불교에 빠져서, 조상 대대로 전하여 오던 재산을 모두 부처 섬기는 데 쓰고, 다만 수백 평 밭이 남았었다. 그것도 복을 비노라고 만복사(萬福寺)의 늙은 중에게 시주하여 영원히 매도(賣渡)한다는 문서까지 만들어 놓고, 나중에는 결국 굶어 죽었다. 자손이 돌아다니며 구걸하다가 거의 죽게 되니, 소장(訴狀)을 남원부에 바치고 밭을 돌려주도록 청원하였다. 부(府)의 관원이 문서를 가져다 보고는 내쫓아버렸으며, 또 감사에게 고소장을 바쳤지만 여러 번 소송하여 여러 번 졌다. 신응시(辛應時)가 마침 감사로 갔는데 그 소장 끝에 손수 판결문을 쓰기를, '전지를 시주한 것은 본래 복을 구하려고 한 것인데, 자신이 이미 굶어 죽었고, 아들이 또 걸식하니 부처의 영험이 없는 것은 이것으로도 알 수 있다. 밭은 주인에게 돌려주고 복은 부처에게 돌려주라.'고 하였다. 이에 그 아들이 밭을 찾아서 명을 보전할 수 있었으며, 사람들이 모두 통쾌하다고 하였다.』

매월당을 찾아서

이항복(李恒福, 1556~1618)

뛰어난 선비 동봉 아래에

경서 담론했던 정자 있다기에

인연 따라 갓끈 씻으러 갔다

돌아오는 길 저문 산 푸르네

訪梅月堂

秀士東峯下(수사동봉하) 談經有草亭(담경유초정)

隨緣濯纓去(수연탁영거) 歸路暮山靑(귀로모산청)

이항복은 포천 출신으로 이조참판, 예문관대제학, 병조판서, 영의정 등을 역임하였다. 그의 나이 59세이던 광해군 6년(1614년) 1월 좌의정에서 체직되자 고향인 포천으로 돌아가지 않고 노원에 촌사를 짓고 머문다. 그리고 61세 되던 해에 노원을 떠나는데 그 사이에 마음이 울적하여 매월당 구지를 찾은 모양이다. 그의 마음이 濯纓(탁영, 갓끈을 씻는다는 말로 인간 세상을 초탈하여 고결한 자신의 신념을 지키는 것을 뜻함)이란 단어에 잘 드러나 있다.

그가 노원에 머물면서 남긴 글 한 편 살펴본다. 그의 문집인 백사집에 실려 있다.

『나는 죄를 짓고 버려진 몸으로 노원(蘆原)에 은거해 있노라니, 복정산(覆鼎山, 삼각산의 별칭임)과 도봉산은 앞쪽과 왼쪽에 병풍처럼 둘러 있고, 유암산(流巖山, 불암산)과 수락산은 오른쪽과 뒤쪽에 죽 늘어섰는데, 그

한가운데에 반암(盤巖)이 있어 물이 졸졸 흐르고 있다. 그래서 매양 바람이 고요하고 비가 갠 때마다 각건(角巾)을 쓰고 바위에 걸터앉아서 맑은 물, 푸른 산을 이목(耳目)으로 완상하노라면, 마치 조물주와 함께 광대한 들판에서 놀이를 하는 것 같기도 하다.』

수락산 바라보며 김시습을 생각하다 2수

정두경(鄭斗卿, 1597~1673)

하나

가을 수락산 흰 구름 피어나니
먼 안개와 푸른 하늘 색 짙고 성하네
김시습의 모습 문득 떠오르게 하니
당시 고라니, 사슴과 어울린 일 탄식하네

둘

혼탁한 세상에 광채 드러내지 않음이 달생인데
김시습은 무슨 일로 헛명성 다 차지했나
그 사람 이미 갔고 푸른 산만 남았는데
거처하던 바위 원망스레 바라보자 괜히 정이 이네

望水落山懷金東峯 二首

一

水落秋山生白雲(수락추산생백운) 遠烟空翠色氛氳(원연공취색분온)

令人却憶東峯子(영인각억동봉자) 歎息當年麋鹿群(탄식당년미록군)

二

混世含光是達生(혼세함광시달생) 東峯何事擅浮名(동봉하사천부명)

其人已去靑山在(기인이거청산재) 悵望巖棲空復情(창망암서공복정)

정두경은 이항복의 제자로 뛰어난 자질을 지니고 있음에도 술을 좋아하고 몸단속에 신경을 쓰지 않았다. 그가 경기 도사(京畿都事)로 있을 때 일이다. 관내 여러 인사가 공자를 모신 사당에 빗물이 샌다고 수선할 것을 건의하였다. 그러자 정두경은 일소에 부친다.

'한 조각 썩은 나무판을 무엇 하러 덮어주는가'라고. 그러니 출세는 먼 일이고 결국 문한(文翰, 문장에 능한 사람)의 직책을 얻지 못하였다.

---

**含光**(함광) : 빛을 머금고 밖으로 드러내지 않는다는 의미

**達生**(달생) : 생명의 본뜻을 깨달은 사람이나 진리에 통한 사람

청학리 방향에서 바라본 수락산 정상 부분

# 옥류동 터줏대감 남용익과 단골손님들

◎

옥류동은 수락산 동쪽 즉 지금의 남양주시 별내면 청학리를 지칭한다. 이곳은 남용익에 의해 본격적으로 세상에 알려지기 시작한다. 그런데 무슨 이유로 남용익이 그곳에 터를 잡게 되었을까.

그 답은 남용익의 선조로 조선의 개국공신인 남재(南在, 1351~1419)로부터 찾아야할 듯하다. 남재와 남양주시 별내의 인연을 간략하게 살펴본다.

> 『개성에서 한양으로 수도를 이전하기 위해 무학대사, 남재 등과 함께 행차했던 이성계가 내친 김에 자신의 신후지지(身後之地, 살아 있는 동안에 미리 정하여 둔 묘 자리)를 정하기 위해 양주로 행차했다.
>
> 행렬이 양주군의 한 장소(현 남양주시 별내면)에 이르자 이성계가 그 곳이 명당이라 주장하였고, 그 자리를 자신의 신후지지로 삼겠노라 했다. 그를 바라보던 남재가 얼굴 전체에 미소를 머금었다.

청학리에 있는 남용익 묘

그를 이상하게 여긴 이성계의 추궁으로 남재가 이실직고한다. 자신의 아버지 그리고 자신의 신후지지 역시 바로 인근에 위치하고 있다고. 그곳은 지금의 경기도 구리시 동구동에 있는 건원릉(이성계의 무덤) 자리였다. 호기심이 발동한 이성계가 그곳을 방문하고는 넋을 잃는다. 그리고 결국 이성계와 남재의 신후지지는 바뀌게 된다.』

이러한 사유로 의령 남 씨 특히 남재의 후손들이 남양주시 별내 일대에 자리 잡고 뿌리내리기 시작했다. 물론 남재의 묘 역시 별내면 화접리에 있다. 그리고 남재의 후손으로 남용익의 6대조인 남효의가 청학리에 자리를 틀면서 남용익이 자연스럽게 옥류동 주인으로 등장하게 된다. (뒤에서 보강)

남용익이 옥류동에 터를 잡자 김수흥과 이희조, 이하조 형제 등 당시 내로라하는 인물들이 그를 찾아 수락산을 방문하였고 그 아름다움에 취해 놀면서 기록을 남기기 시작한다. 하여 이하에서는 남용익을 필두로 옥류동에서 놀았던 사람들의 작품을 살피며 그 속으로 빠져들어가 본다.

### 터줏대감 남용익

남용익(南龍翼, 1628~1692)은 본관은 의령이고 자는 운경(雲卿), 호는 호곡(壺谷)이다. 1648년 정시문과에 병과로 급제한 뒤 병조좌랑, 홍문관부수찬 등을 역임했다. 이어 1655년(효종 6) 통신사의 종사관으로 일본에 파견되었는데, 관백(關白, 일본에서 왕을 내세워 실질적인 정권을 잡았던 막부의 우두머리)의 원당(願堂)에 절하기를 거절하여 음식 공급이 중지되고, 여러 협박을 받았으나 굴

하지 않는 기개를 보여주었다.

이듬해 돌아와 호당(湖堂, 독서당)에 뽑혀 들어갔고 문신중시에 장원, 당상관으로 진급하여 형조·예조참의, 승지를 역임하고 양주목사로 나갔다. 현종 때는 대사간·대사성을 거쳐 공조참판을 빼고 전 참판을 지냈으며, 잠시 외직으로 경상 · 경기감사로 나갔다가 형조판서에 올랐다.

1680년(숙종 6)부터 좌참찬 · 예문관제학을 역임하고, 1689년 소의 장씨(장희빈)가 왕자를 낳아 숙종이 그를 원자로 삼으려 하자 극언으로 반대하다가 명천으로 유배되어 그곳에서 죽었다.

저서로는 신라시대부터 조선 인조대까지의 명인 497인의 시를 모아 엮은 '기아' 및 '부상록' 그리고 자신의 시문집인 '호곡집'을 남겼다. 시호는 문헌(文憲)이다.

## 남용익, 글로 흥하고 글로 망하다

### 동짓달(11월) 17일 비로소 명천 배소에 도착하여

(至月十七日。始到明川配所)

遷客抵明原(천객저명원) 귀양 온 나그네 명원(명천)에 이르러

暮投城外村(모투성외촌) 날 저물어 성 밖 고을에 투숙하였네

僮初休跼步(동초휴국보) 아이는 몸 구부려 걸으며 휴식취하고

妾始拭啼痕(첩시식제흔) 계집 아이 비로소 눈물 흔적 닦네

意放身仍病(의방신잉병) 의지 놓으니 몸에 병까지 들었는데
神疲夢更煩(신피몽갱번) 정신 피로하니 꿈 또한 번거롭네
持杯慰兩子(지배위양자) 술잔 들어 두 사람 위로하며
到此亦君恩(도차역군은) 이에 이른 것 또한 성은이라네

남용익이 1691년 10월에 귀양지인 함경도 명천으로 출발하고 11월 17일에 도착하여 지은 시다. 남용익은 불행하게도 이듬해 2월 귀양지에서 죽음을 맞이하는데 귀양 가게 된 사연이 어리둥절하다. 이와 관련된 글을 조선왕조실록에서 발췌해본다. 영조 즉위 년인 1724년 12월 4일 기록이다.

『무진년 겨울 우리 경종 대왕께서 원자로 탄생하시어 명호를 정하고 교문(敎文)을 반포하였는데, 고(故) 판서 남용익이 찬진(撰進)한 글 가운데 '몽란(夢蘭)'이란 두 글자가 있었습니다.
그래서 기사년에 뭇 소인들이 허구 날조해 죄안을 구성하여 마침내 귀양가 죽기에 이르렀음으로 슬프고 원통하게 여기지 않는 사람이 없었습니다. 그래서 숙종 대왕께서 뒤에 후회하시고 특별히 소설(昭雪, 억울한 누명이나 원통한 죄를 밝히어서 벗음)하셨던 것입니다.』

남용익이 죽음에 이르게 된 동기는 바로 '몽란(夢蘭)' 이란 글자 때문이었다. 몽란은 고려 말 정몽주의 어린 시절 이름으로, 그의 어머니가 꿈에 난 화분을 떨어트려 깨트렸다 해서 이름을 몽란으로 지었다 전한다.

그런데 아쉽게도 남용익이 찬한 전문이 보이지 않아 그를 어떻게 사용했

는지 알 수 없다. 그러니 남용익의 어처구니없는 죽음에 대해 실록 기록처럼 그저 쓴웃음만 지을 수밖에 없다.

본격적으로 남용익과 옥류동에서 놀아보자. 다만 너무 많은 작품을 남겨 대표적인 작품만 수록한다.

### 도곡으로 은퇴하여 좌태충의 초은시에 차운하다

(陶谷幽居。次左太沖招隱詩)

高高梅月堂(고고매월당) 높디 높은 저 매월당
淸芬留至今(청분유지금) 맑은 자취 아직까지 남았네
幽人宅其下(유인택기하) 그 아래 집에 은거한 사람
獨撫無絃琴(독무무현금) 홀로 줄 없는 거문고 어루만지네
雨餘東風來(우여동풍래) 비 갠 뒤 봄 바람 불어와
吹我叢桂林(취아총계림) 나를 부추겨 숲에 들게 하네
悠然酌一杯(유연작일배) 그저 술 한잔 마시고 나니
山日欲西沈(산일욕서침) 서산으로 해 지려 하네

故人在城市(고인재성시) 벗들이 저잣거리에 있어
累月阻微音(누월조미음) 여러 달 소식조차 막혔네

丁丁伐木詠(정정벌목영) 쩡쩡 나무 찍으며 시 읊고

爗爗採芝吟(엽엽채지음) 활기차게 영지 캐며 읊네

門前滄浪淸(문전창랑청) 문 앞 푸른 물결 맑은데

誰與洗煩襟(수여세번금) 누구와 번잡한 마음 씻을까

結佩聊延佇(결패요연저) 패옥 맺고 애오라지 바라보기만 하니

請君早舍簪(청군조사잠) 자네에게 빨리 벼슬 버리라 청하네

爲營數間屋(위영수간옥) 몇 칸 집 경영하려

誅茅披荊榛(주모피형진) 잡목 우거진 곳에 띠풀 집 지었네

白雲宿簷下(백운숙첨하) 처마 밑에 머무는 흰 구름

對此聊怡神(대차요이신) 마주하니 기분 상쾌하다네

松絃與蘿鏡(송현여라경) 덩굴 감긴 솔 거문고 비추니

---

**陶谷(도곡)** : 남용익의 호인 壺谷(호곡)과 같은 의미로 현 청학리를 지칭한다.

**招隱詩(초은시)** : 진(晉)의 좌사(左思, 좌태충)가 지은 시. 세상이 혼탁하므로 선비들을 불러 은퇴하기를 권한 작품

**採芝(채지)** : 영지를 캔다는 뜻으로, 보통 산속에 숨어 사는 것을 비유하는 말

**佩(패)** : 패옥으로 벼슬아치의 금관조복(金冠朝服) 좌우에 늘여 차는 옥

**延佇(연저)** : 오랫동안 발돋움하여 서서 행렬 등을 향해 머리를 길게 빼고 바라봄

**松絃(송현)** : 소나무에 부는 맑은 바람소리를 거문고 소리에 비유함

**蠖伸(확신)** : 자벌레가 몸을 구부리는 것은 장차 펴기 위함이란 뜻에서, 사람도 갖은 고통을 참고 견디어 후일에 성공하는 것을 비유한 말이다.

**伍斗困彭澤(오두곤팽택)** : 도연명이 팽택 현령으로 있다가, 오두미 때문에 소인에게 허리를 굽힐 수는 없다면서 벼슬을 그만두고 돌아갔다는 고사가 있다.

**安仁(안인)** : 진(晉) 나라 반악(潘岳)의 자(字)로, 그의 한거부(閑居賦) 서문에 졸렬하기만 한 관직 생활을 탄식하고 영록(榮祿, 영화로운 복록)에 담담한 심경을 피력한 내용이 들어 있다.

聲色無非眞(성색무비진) 소리와 색 모두 참이라네
於焉有樂地(어언유락지) 어느덧 즐길 땅 있으니
不必爭要津(불필쟁요진) 요직 다툴 필요 없다네

得閑幸未老(득한행미로) 늙기 전에 다행히 한가하니
旣蠖寧求伸(기확녕구신) 이미 평안함 구하였다네
嗟哉吳黨子(차재오당자) 슬프구나 우리 무리들
擾擾趨紅塵(요요추홍진) 속세에서 요요하게 달아났네
伍斗困彭澤(오두곤팽택) 오두미는 팽택을 곤란하게 하고
二毛愁安仁(이모수안인) 반백의 머리 안인에게 근심끼치네
願言歸去來(원언귀거래) 바라노니 시골로 돌아가
同我賞芳辰(동아상방신) 나와 함께 좋은 시절 감상하세

앞서도 잠시 언급했지만 1689년 2월에 '夢蘭'이란 두 글자가 문제되어 삭탈관작과 함께 문외출송되어 청학리로 은퇴하면서 마음을 다진 시다. 이제 그곳에서 어떻게 놀았는지 살펴본다.

### 꽃 한 송이 노래

(一花歌)

昨日一花開 어제 꽃 한 송이 피더니

今日一花開 오늘 꽃 한 송이 피었네

每當一花開 매번 꽃 한 송이 필 때마다

吳每進一杯 나도 매번 술 한잔 드네

以至千花萬花相續開 천 송이 만 송이 이어서 필 때까지

吳亦千杯萬杯樽前頹 나 역시 천잔 만잔 무너지기 전까지 마시리

昨日一花落 어제 꽃 한 송이 떨어지더니

今日一花落 오늘 꽃 한 송이 떨어졌네

每當一化落 매번 꽃 한 송이 떨어질 때마다

吳又進一酌 나 또한 술 한잔 마시려네

以至千花萬花相繼落 천 송이 만 송이 이어 떨어질 때마다

吳亦千酌萬酌長浮白 나 역시 천잔 만잔 오래도록 호기롭게 마시려네

花雖落盡吳豈愁 꽃 비록 모두 떨어지더라도 내 어찌 근심하리

更折花枝爲酒籌 다시 술잔 헤아리기 위해 꽃가지 꺾으려네

以至千山萬山花樹枝 천 산 만 산에 꽃 나무 가지마다

盡折爲籌相獻酬 모두 꺾어 서로 권하며 술잔 헤아리리

籌高高於水落山 그 산가지 수락산처럼 높디 높으면

然後可以忘吳憂 그 뒤에야 내 근심 잊을 수 있으리

앞의 시를 살피면 남용익은 그야말로 세상사 모두 접고 술에 오로지한 듯 보인다. 술잔을 의미하는 산가지가 수락산처럼 높이 쌓일 때까지 마시

---

**浮白(부백)** : 잔에 술을 가득 채워서 호기 있게 들이켜는 모양

**酒籌(주주)** : 술잔 헤아릴 때 쓰는 산가지

겠다는 각오를 살피면 술에 대한 애착을 엿볼 수 있다. 그러나 다음 작품을 살피면 마냥 술만 마신 건 아닌 듯하다.

시골집에서 생활하며 짓다

강호에서 방랑하며 세상 살았는데
이제야 고향에서 뽕과 삼 농사 묻네
앞마을에서 소 빌려 남은 이랑 갈고
뒷밭에서 닭들 부르며 오이 심네
보름달은 곧 이지러진 달 되고
피지 않은 꽃은 만개했다 시든 꽃 된다네
부용사 멀리 영지 시내 적막하기만 한데
다만 내 집으로 스님만 찾아드네

題田家卽事

飄泊江湖度歲華(표박강호도세화) 故園今始問桑麻(고원금시문상마)
前村借犢耕殘畝(전촌차독경잔묘) 後圃麾鷄種晩瓜(후포휘계종만과)
曾滿月爲將缺月(증만월위장결월) 未開花勝欲凋花(미개화승욕조화)
芝溪寂寞蓮齋遠(지계적막연재원) 只有山僧訪我家(지유산승방아가)

蓮齋(부용사)는 남용익의 놀이터로 뒤에 언급하기로 한다. 아울러 영지 시내는 지금의 남양주 내곡리 앞을 흐르는 물줄기를 의미한다. 내용을 살피면 마냥 술만 마시지 않고 농사일에도 지대한 관심을 보이고 또 직접 농사에 참여한 것으로 나타난다. 다음은 남용익과 옥류동의 인연을 나타내는 작품을 감상해보자.

옥류동에서

옛날 내 어린 시절 이 산에서 놀았는데
세월 손꼽아보니 몇 년이나 지났던가
육대에 걸친 선영에 일찍이 기탁하였고
벼슬 떠난 이 년 세월도 이곳에 남아있네
맑게 흐르는 물 매번 단사폭포 생각하고
나그넨 꿈에서도 길이 백옥루 찾았다네
다시 자네 손 잡고 돌아가
세상사 모두 잊고 유유자적 하려네

玉流洞

吳童子昔此山遊(오동자석차산유) 屈指光陰閱幾秋(굴지광음열기추)

---

**丹砂(단사)** : 선약(仙藥)으로 먹으면 신선이 된다는 약이다.
**白玉樓(백옥루)** : 옥황상제가 지었다는 누각

청학리 523-11에 있는 청학재

六代松楸曾寄托(육대송추증기탁) 二年江海此淹留(이년강해차엄류)

清流每憶丹砂瀑(청류매억단사폭) 客夢長尋白玉樓(객몽장심백옥루)

更欲携君一歸去(갱욕휴군일귀거) 都將世事付悠悠(도장세사부유유)

남용익의 작품 '次赤谷效徐四佳題水落山別體六律韻'(차적곡효서사가제수락산별체육율운, 적곡 김익렴이 사가 서거정이 제한 수락산 별체 육률을 차운하여) 중에 옥류동을 노래한 내용인데 남용익과 옥류동과의 관계를 살피기 위해 따로 먼저 실었다. 아울러 이하도 각 장소에 맞추어 싣는다.

이 부분에서 흥미로운 현상이 나타난다. 남용익은 절친한 친구인 적곡 김익렴이 서거정이 제한 수락산 육률운을 차운한 시를 차운하였다 했는데, 서거정이 남긴 육률운은 수락산과 관련한 작품이 아니다. 이를 살피면 남용익은 서거정의 작품을 보지 못하고 그저 친구의 시만 본 것으로 풀이할 수 있다. 여하튼 김익렴의 작품이 전하지 않아 아쉬움을 더한다.

시 내용을 살피면 명천으로 귀양 떠나기 직전에 지은 것으로 풀이되는데 이 시에 청학리 즉 옥류동과 남용익의 인연에 관한 내용이 소상하게 나와 있다. 그곳에 육대에 걸친 선영이 있었고 남용익 본인도 어린 시절 그곳에서 놀았다 했다.

상기 시에 등장했던 '6대에 걸친 선영' 전경이다. 청학재는 앞서 등장했던 추강 남효온의 사촌 동생이며 남용익의 6대 조인 남효의의 재실로 2006년에 준공하였다.

남효의(南孝義, 1474~1551)는 호는 지재(志齋)로 남효온의 사촌 동생이라는 이유로 오래도록 현달한 관직에 오르지 못하다 시간이 흘러 대사헌, 한성부판윤, 형조판서 등을 거쳤다.

이곳은 남용익의 묘와 길을 사이에 두고 마주하고 있다.

이번에는 남용익과 김시습에 관련한 시를 살펴보자. 앞서 수락산 사계절 풍경에서도 언급되었지만 도곡으로 은퇴하며 지은 시에 매월당이 최초로 등장한 바 있다. 이는 남용익 역시 김시습처럼 살고 싶다는 내용을 포함하고 있는 바 이와 관련한 시를 실어본다.

**사람을 기다리며 읊다**

매월당 유지에 매화로 조문하고
가마 타고 천천히 선경에 드네
하루 전날 적벽에 배 띄우고
천년 후 여산에 폭포 제하리
은근히 오솔길에서 홀로 거문고 안고 기다리니
적막한 사립문엔 외로운 학 졸고 있네
여기서부터 노원은 십리도 안 되는데
벗들은 어디에서 시 읊조리고 있는지

**待人有吟**

梅堂遺址弔梅仙(매당유지조매선) 緩步肩輿入洞天(완보견여입동천)

赤壁泛舟前一日(적벽범주전일일) 廬山題瀑後千年(여산제폭후천년)

殷勤蘿逕孤琴候(은근라경고금후) 寂寞荊扉獨鶴眠(적막형비독학면)

此去蘆原無十里(차거노원무십리) 故人何處駐吟鞭(고인하처주음편)

매월당 유지에 매화로 조문했다는 구절이 나온다. 조문이란 자고로 함부로 가는 게 아니다. 그런데 남용익은 매월당이 아닌 그가 머물렀던 장소를 조문했다. 이 한 구절의 글로 남용익의 매월당에 대한 관심이 지대했음을 살필 수 있다.

또한 앞의 글에 옥류동 바로 인근한 노원 지명이 등장한다. 이를 살피면 남용익의 친구들이 노원에 많이 거주하고 있던 것은 아닐까하는 느낌이 일어난다. 이를 입증하는 글이 다음에 나타난다.

산중 이별

떨어지는 꽃 눈처럼 옷 위로 떨어지는데

석양 녘 노원에서 한 필 말로 돌아오네

---

**洞天(동천)** : 신선 사는 곳

**蘿逕之候(나경지후)** : 친구를 기다리는 등나무 우거진 길목. 맹호연(孟浩然)이 친구 정공(丁公)을 기다렸으나 오지 않는 것을 읊은 시에 '그대 어제 온다 하더니 외로이 거문고 안고 나경에서 기다리네.'라 했는데 여기에서 온 말이다.

**吟鞭(음편)** : 시인의 말채찍이란 뜻이며, 가면서 읊조리는 시인을 묘사하기도 한다.

수락산과 불암산이 만나는 지점에 나 있는 길(터널 옆 휘어진 길)

봄새 지저귀는데 말 건넬 사람 없고
밝은 달만 그저 산골 집 사립문 가리네

山中送別

落花如雪點人衣(낙화여설점인의) 斜日蘆原匹馬歸(사일노원필마귀)
春鳥一聲無與語(춘조일성무여어) 月明空掩故山扉(월명공엄고산비)

앞의 글을 살피면 노원에서 지인들과 술 한잔 걸치고 말 타고 돌아가는 그의 모습이 눈에 보이는 듯하다. 그런데 과연 그는 어떤 길을 이용했을까. 그 답은 산에서 이별했다는 부분에서 찾아보자.

이를 살피면 현재 당고개 역에서 덕릉을 통과해 청학리로 들었음을 어렵지 않게 알 수 있다. 필자도 어린 시절 남용익처럼 그저 걸어서 오고갔던 그 길이 지금은 포장되어 버스들이 운행되고 있다.

## 남용익의 놀이터

남용익은 아버지 때부터 자연에 만족하지 못하고, 아니 자연을 더욱 효과적으로 즐기기 위해 놀이터를 만들고는 했다. 특히 승경이 뛰어난 곳에 암자와 정자 등을 세워 벗과 술과 함께 자연을 즐겼는데 이하에서는 인공 또 자연 놀이터를 소재로 남긴 작품에서 어떻게 놀았는지 살펴본다. 다만 지금은 흔적도 없이 사라진 아쉬움을 뒤로한다.

남용익의 주 놀이터였던 옥류동으로 저 멀리 청학리 아파트 단지가 시선에 들어온다.

### 남용익이 머물던 암자

남용익이 자주 머물렀던 암자로 신흥암, 쌍간사, 운수암이 등장한다. 이와 관련하여 남용익이 남긴 '운수암기'(雲水庵記)를 살피면 '승려 양빈의 도움으로 국사봉 아래에 신흥암을 짓고 가끔 들러 쉬고는 하였다. 골짜기가 넓고 물이 맑고 바위가 깨끗하여 은자가 살만한 곳이었다. 그러나 큰 길에 가까워 지나가는 관원들이 자주 묵는 바람에 불편을 느낀 승려들이 자주 신흥암을 비우게 되었다. 다만 승려 양빈만이 이 절을 지키고 있다가 다시 선영 북쪽으로 수백보쯤 떨어진 곳으로 절을 옮겨 운수암이라 하였다.'라 기록되어 있다.

쌍간사는 시 제목에 나타남으로 생략하고 이를 감안하고 감상해보자.

**취하여 신흥암을 방문하고, 이어서 스님의 시축에 차운하여 빈사(양빈)에게 드리다**

취한 후 자네 위해 새로운 시 짓는데
풍류에 자네는 공의 지위에서 멀어지려하네
섬돌 도는 가는 시내 사람 맞아 이야기하고
나뭇잎 사이 그윽한 새 나그네 향해 지저귀네
비 만나니 아침, 저녁 구분 되지 않고
산 나서니 동서로 향한 길 다시 미워지네
바람 드는 창 아래 잠시 포단 빌려 잠들었는데
계수나무 맑은 향만 꿈에 들어 아득하네

醉訪新興菴。走次僧軸韻。贈彬師

醉後新詩爲爾題(취후신시위이제) 風流爾欲遠公齊(풍류이욕원공제)

循階細澗迎人語(순계세간영인어) 隔葉幽禽向客啼(격엽유금향객제)

逢雨不分時早晩(봉우불분시조만) 出山還厭路東西(출산환염로동서)

風欞暫借蒲團睡(풍령잠차포단수) 桂樹淸香入夢迷(계수청향입몽미)

재궁의 양빈 스님이 신흥암으로 옮겨, 반룡산 아래에 집을 개창한 후에, 그곳은 양 산골 물 사이에 있는데, 그런고로 이름을 쌍간사라 고쳤네. 종숙과 지팡이에 의지하여 올랐는데, 눈앞에 펼쳐진 지형이 전보다 배로 아름다웠네. 즐거워 제하여 드린다. 그때 나 역시 초당을 새롭게 이었다.

(齋宮僧養彬移新興菴。改創于家後盤龍山下。以其在兩澗之間。故改名雙澗寺。與宗叔杖策登臨。則地形眼界倍勝前觀。喜而題贈。時余亦新葺草堂)

舊屋吳纔葺(구옥오재집) 나는 옛집 지붕 겨우 이었는데

新庵爾更移(신암이갱이) 당신은 신흥암으로 다시 옮겼네

山深行旅少(산심행려소) 산 깊어 찾는 이 적지만

地近往來宜(지근왕래의) 가까운 곳이라 왕래하기 좋다네

夾水東西響(협수동서향) 끼고 흐르는 물 동서로 메아리치고

遙岑早暮姿(요잠조모자) 아득한 봉우리 조석으로 뽐내네

元知蒙佛力(원지몽불력) 부처 힘 입을 줄 알고 있으니

幻技賴彬師(환기뢰빈사) 양빈 스님에게 요술 부탁한다네

이 대목에서 지금은 흔적도 남아있지 않은, 남용익의 놀이터였던 암자의 위치를 추적해보자. 신흥암은 국사봉 아래에, 즉 현재 순화궁 고개 근처로 추정할 수 있다. 아울러 운수암은 선영 즉 앞서 등장했던 청학재에서 북으로 수백보 떨어져 있다했다. 그를 감안하면 현 수락산 계곡 초입 부분으로 추정할 수 있다. 그런데 뒤에 등장하는 이희조에 의하면 간폭정 즉 현 옥류폭포 위라 지정하고 있다.

비온 후 진사 이세석을 데리고 운수암을 방문했다. 아이들 역시 따라왔다. 본 바를 읊고 기록하다

(雨後携李上舍 世奭 訪雲水庵。兒輩亦從。記所見有吟)

積雨三旬病(적우삼순병) 장마철 한 달 병 얻어
仙庵半日遊(선암반일유) 선암에서 한나절 놀았네
野橋頹舊柱(야교퇴구주) 들판 다리 오랜 기둥 무너졌고
雲碓遏清流(운대알청류) 물레방아는 맑은 개울 막았네
漬澗麻初續(지간마초속) 산골 물에 삼대 담그어 막 이었고
治畦菜已收(치휴채이수) 밭두렁에 키운 채소 이미 거두었네
山僧亦生理(산승역생리) 산중 스님 역시 삶의 이치 아니
愛此爲淹留(애차위엄유) 이를 사랑하여 머물러 남아있네

제목에 등장하는 이세석(李世奭, 1654~1703)은 나이 상으로 보아 아들 남정중의 친구로 보인다. 하여 兒輩(아배, 아이들)는 남정중의 여러 친구들을 지칭

하는 듯하다.

숙취로 괴로워 베개 베고 엎드려있는 중에, 동보(이희조) 형제가 술을 가지고 방문했다. 강제로 일어나 운수암에 올라, 더불어 함께 묵었다. 동보의 시에 차운하여

(患醒伏枕中。同甫兄弟携酒來訪。強起登雲水庵。仍與同宿。次同甫韻)

客剩黃泥客(객잉황니객) 객은 황토 진흙에 손님으로 남고
僧殘白社僧(승잔백사승) 스님은 백사에 스님으로 남았네
沙門巖畔雪(사문암반설) 암자 바위 가에 눈 내리고
丈室佛前燈(장실불전등) 선방 불상 앞에 등 밝혔네
寒夜酒無力(한야주무력) 추운 밤에 술은 무력하고
急流溪不氷(급류계불빙) 급류에 시내 얼지 않았네
恨無窓外月(한무창외월) 창밖에 달 없어 한스러운데
分照兩心澄(분조양심징) 두 사람 마음 맑게 나누어 비추네

앞의 시에 등장하는 동보 형제는 옥류동 단골손님인 이희조, 이하조 형제를 지칭한다. 이들에 대한 소개는 다음으로 미루기로 한다. 다만 앞의 시

**黃泥(황니)** : 소동파가 지은 '후적벽부'에 '시월 보름에 황니판(黃泥判)을 지났다.'는 말이 등장하는데 숙취로 인한 남용익의 상태를 그린 듯하다.

**白社(백사)** : 백련사(白蓮社)의 약칭으로, 동진(東晉) 때 여산 동림사의 혜원법사가 도잠(陶潛), 육수정(陸修靜) 등을 초청하여 승속(僧俗)이 함께 염불 수행을 할 목적으로 백련사를 결성하고 서로 왕래하며 친밀하게 지냈던 데서 온 말이다.

는 동보 즉 이희조의 시를 차운하였다 하였는데, 이희조는 동생 이하조를 차운하여 시를 남긴다. 하여 두 사람의 시를 실어본다.

먼저 앞의 시가 탄생하게 된 원인 즉 이하조의 시다.

**호곡 남용익을 뵙고 운수암에 묵다**

**(陪壺谷。宿雲水菴)**

黃昏入古寺(황혼입고사) 저물녘 옛 절에 드니
牢落少居僧(뇌락소거승) 기거하는 스님 적어 적막하네
恨失隨樽月(한실수준월) 한스럽게도 술통에 달빛 못미치니
催懸照壁燈(최현조벽등) 등잔 불 달아 비추라 재촉하네
庭閑猶積葉(정한유적엽) 한가한 뜰에 오히려 낙엽 쌓였고
碓破自橫氷(대파자횡빙) 부서진 방아에 얼음 비꼈네
坐有安禪意(좌유안선의) 선방에 편안하게 앉아 있으니
空門夜氣澄(공문야기징) 사찰의 밤 기운 맑기만 하네

다음은 위 시를 차운한 이희조의 시다

**낙보(이하조)의 시에 차운하여**

**(次樂甫韻)**

山中正風雪(산중정풍설) 산 속에 눈보라 몰아치는데

匹馬訪高僧(필마방고승) 한 필 말로 고승 찾았네

寂坐黃金佛(적좌황금불) 황금 부처 고요하게 앉았고

孤明白玉燈(고명백옥등) 백옥 등 홀로 빛 발하네

庭前看老栢(정전간로백) 뜰 앞 늙은 잣나무 바라보니

壺裏挹淸氷(호리읍청빙) 호리병 속에 맑은 얼음 뜨네

一夜蒲團宿(일야포단숙) 하루 밤 부들방석에 묵으니

能令萬慮澄(능령만려징) 온갖 생각 맑게 해준다네

## 쌍백정(雙柏亭)

남용익의 '쌍백정기'에 의하면 '아버지(남득붕)께서 손수 심은 잣나무 두 그루가 35년이 지나자 재목으로 가하고 열매도 맺을 정도로 아름드리로 굵어졌기에 그 그늘에 세 칸 집을 엮었다' 하였다.

### 쌍백정이 완성되어 기뻐서 2율로 제한다

(雙柏亭成喜題二律)

---

**壺裏(호리)** : 선경을 뜻한다. 후한(後漢) 때 한 노인이 시장에서 약(藥)을 팔았는데, 자기 점포 머리에 병 하나를 걸어 놓고 있다가 시장을 파하고 나서는 매양 그 병 속으로 뛰어들어 갔다. 그때 아무도 이 사실을 몰랐는데, 다만 비장방(費長房)이 그것을 알고 그 노인에게 가서 재배(再拜)하고 인하여 노인을 따라서 그 병 속으로 들어가 보니, 옥당(玉堂)이 화려하고 좋은 술과 맛있는 안주가 그득하여 함께 술을 실컷 마시고 나왔다는 고사에서 온 말이다.

舊柏憐長在(구백린장재) 옛 측백나무 근처에 오래 있었는데

新亭喜苟完(신정희구완) 새 정자 기쁘게도 그런대로 갖추었네

酒醒仍夢罷(주성잉몽파) 술 깨자 인하여 꿈에서 깨어나니

花落已春殘(화락이춘잔) 꽃 떨어지며 이미 봄 끝자락이네

壑月鵑聲苦(학월견성고) 골짝 달 두견새 우는 소리에 괴롭고

巖風鶴影單(암풍학영단) 바위 바람 학 그림자에 홀로하네

廬山如几案(여산여궤안) 여산은 편안한 의자 같으니

不待捲簾看(부대권렴간) 발 올리고 바라볼 필요 없다네

地僻堂仍靜(지벽당잉정) 외진 곳에 집 고요하고

人閑病亦蘇(인한병역소) 몸 한가하니 병 역시 나았네

幽居盤谷序(유거반곡서) 반곡에 은거하니

勝景輞川圖(승경망천도) 승경은 망천도라네

犢倦耕翁叱(독권경옹질) 노인은 게으른 송아지 꾸짖고

鷹翻獵卒呼(응번엽졸호) 병졸은 송골매 사냥하라 부르네

---

**廬山(여산)** : 은일의 땅으로 유명한 중국 지명으로 백련사가 있었음.

**盤谷(반곡)** : 골짜기 이름인데, 지금 하남성 제원현(濟源縣) 북쪽으로서 당나라 이원(李愿)이 반곡에 은거하러 갈 때 한유가 〈송이원귀반곡서(送李愿歸盤谷序)〉라는 유명한 글을 지었다.

**輞川圖(망천도)** : 망천은 당나라 시인 왕유의 별장이 있는 곳으로 망천도는 망천의 승경을 그린 그림이다.

**提壺(제호)** : 또는 제호로(提壺蘆)라는 새가 있는데, 그 울음소리가 한문으로 술병을 들라는 뜻이 된다.

春光餘幾日(춘광여기일) 봄 빛 몇 일 남아 있는지

山鳥勸提壺(산조권제호) 산새 술잔 돌리라 권하네

## 간폭정(看瀑亭)

남용익의 '간폭정기'에 따르면 '집에서 5리 정도 떨어진 곳에 폭포(현 옥류폭포)가 있었다. 그 폭포는 부봉의 절정에서 떨어져 12층을 이루는데 아래 2층이 가장 컸다. 폭포가 떨어져 형성된 소가 있고 그 왼쪽에는 엎드린 거북처럼 생긴 바위가 있었다. 이웃에 살던 황 생의 도움으로 두 칸의 정자를 지었다. 폭포의 오른쪽 벼랑에 기대 세웠는데 널빤지를 깔아 누각처럼 만들었다.'고 기록되어 있다.

아울러 수락산의 봉우리와 계곡 등에 이름을 붙인다. 이름하여 향로봉(香爐峯), 자연대(紫煙臺), 장천곡(長川谷), 비류동(飛流洞), 천석암(千尺巖), 은하기(銀河磯), 구천문(九天門) 등이 그러하다.

이와 관련 남용익의 증손자인 남유용이 옥류동을 유람하며 남긴 기록 '遊玉流洞記'(유옥류동기) 중 일부를 살펴보자.

『도곡(陶谷) 농장에서 서쪽으로 5리를 가면 골짝이 깊고 둘러싸여 그윽하다. 샘물이 있어 벼랑을 돌아 내려와 내뿜으면 날리는 폭포가 되고 멈추면 맑은 연못이 된다. 고을 사람들은 이곳을 옥류동이라 부른다. 옛날 우리 증조부께서 관직 생활을 접고 산자락에 기거하실 때 가마타고 유람하면서 돌아보고 즐기셨는데, 서쪽 바위 위를 택하시어 정자를 세우고 즐기셨다. 당시 저명한 인사들과 서로 어울려 시를 지었으므로 옥류폭포가 비로소 나라 안에 이름이 나게 되었다.』

'우리 증조부'는 물론 남용익을, '정자'는 간폭정을 지칭함을 어렵지 않게 알 수 있다. 다만 간폭정의 위치에 대해 남용익은 벼랑의 동쪽이라 했는데 남유용은 서쪽 바위를 지칭했다. 남유용의 착오인 듯 보인다.

간폭정이 완성되어, 기뻐서 시를 지어 황생에게 주다

평생 우둔하게 시골 노인으로 취해지내
한 시렁 경영도 그 공 이루지 못했네
바야흐로 겨울 시월에 적벽에 다다라
상산은 마침내 하황공 얻었네
능히 한 손으로 신령한 도끼 휘두르니
홀연하게 선 새 정자 수궁 압도하네
이 폭포수 따라 기막힌 경치 더하리니
봄꽃 감상하고 또 가을단풍 바라보리

看瀑亭將成。喜而有賦。贈黃生

平生迂拙醉鄕翁(평생우졸취향옹) 一架經營未就功(일가경영미취공)

赤壁正當冬十月(적벽정당동십월) 商山仍得夏黃公(상산잉득하황공)

能持隻手揮神斧(능지척수휘신부) 忽起新齋壓水宮(홀기신재압수궁)

從此瀑流添勝槩(종차폭류첨승개) 賞春花又看秋楓(상춘화우간추풍)

앞의 시에서 '商山仍得夏黃公(상산잉득하황공) 상산은 마침내 하황공을 얻었네'는 저자인 남용익이 정자를 지어준 황 생을 얻었음을 의미한다.

### 아내를 보내고 간폭정에서

(送內行于瀑亭)

朝登看瀑亭(조등간폭정) 아침에 간폭정에 올라

終夕不知返(종석부지반) 저녁까지 돌아갈 줄 모르고

欲窮仙源深(욕궁선원심) 무릉도원 깊이 찾으려다

都忘石路遠(도망석로원) 돌 길 저 멀리 모두 잊었네

僧從白蓮社(승종백련사) 스님은 백련사 따르고

客過黃泥坂(객과황니판) 나그네는 황니판 지나며

藜杖幾倚携(려장기의휴) 명아주 지팡이 여러 번 의지하고

---

**赤壁(적벽)** : 석벽이 물을 둘러싸고 있는 곳을 적벽(赤壁)이라 하는데 간폭정이 세워진 장소 즉 옥류폭포의 모습이 그러하다. 하여 저자는 송나라 소식(蘇軾)이 적벽 아래 노닌 모습을 연상하며 그리 표현한 듯하다.

**夏黃公(하황공)** : 전한 초기 때 사람. 은사(隱士)로, 상산사호(商山四皓)의 한 사람이다.

**水宮(수궁)** : 물 속 깊이 있다고 전해지는 상상의 용궁

藍輿或扶挽(남여혹부만) 남여 타고 혹 밀고 당겼다네

鳥歌勸提壺(조가권제호) 새 지저귀며 술 마시라 권하고

魚聚爭投飯(어취쟁투반) 고기 모여 밥풀 던지라 다투니

浪嚙柱恐危(낭교주공위) 물결 너흐는 기둥 위태로운데

簷豁床宜偃(첨활상의언) 처마 트인 평상 눕기 편하네

家累惜分離(가루석분리) 아내와 애처롭게 이별하고

歲華嗟晼晩(세화차원만) 황혼녘에 흐르는 시간 탄식하는데

會待楓葉丹(회대풍엽단) 마침내 단풍 잎 붉으니

乘興當策蹇(승흥당책건) 흥 일어 마땅히 나귀 몰려하네

남용익의 부인은 예조정랑, 영월군수를 역임한 채성귀(蔡聖龜, 1605~1647)의 딸이다. 부인이 아마도 친정으로 여행을 떠난 모양이다. 아내를 보내고 혼자 남아 간폭정에서 무료함을 달래고 있다.

### 간폭정에서 놀다 취해 돌아오다

(游瀑亭醉歸)

已作歸田賦(이작귀전부) 이미 귀전부 지었지만

偏多出世情(편다출세정) 출세의 마음 더욱 많았네

---

**藍輿(남여)** : 대를 엮어서 만든 가마이다.

**嚙(교)** : 깨물다라는 의미임. 너흘다는 깨물다의 옛 말임

**歸田賦(귀전부)** : 도잠의 귀거래사(歸去來辭)에서 온 말로 은퇴를 의미한다..

현재 음식점이 들어서 있는 옥류폭포

不須爲酒困(불수위주곤) 술로 곤경에 빠질 필요 없으니
何必以詩名(하필이시명) 시 잘 짓는다는 명성 필요할까
忽見盆梅發(홀견분매발) 문득 분매 피는 모습 보는데
仍聞瀑榭成(잉문폭사성) 폭포 가에 정자 지어졌다 들었네
居然有幽興(거연유유흥) 이외로 그윽한 흥취 있으니
拈筆又呼觥(염필우호굉) 붓 들고 또 술 잔 권하네

### 향로봉(香爐峯)

아쉽게도 향로봉이 어느 봉우리인지 명확하지 않다. 이 봉우리 명은 공교롭게도 수락산 서쪽에 터를 잡았던 박세당도 똑같은 이름으로 작명한다. 하여 박세당은 수락산 정상 즉 주봉을 향로봉이라 명한 듯한데, 남용익의 경우 이어지는 시를 살피면 오히려 옥류 폭포를 지그시 바라보고 있는 봉우리를 향로봉으로 명명한 듯하다.

#### 향로봉에서

하고 많은 세상일 일찍이 두루 겪었으나
상서로운 기운 이는 선경만 좋아하네
우레처럼 울릴 때에 흰 비단 나는 듯
대낮에도 어두운 곳엔 푸른 덩굴 덮었네
한녀 상관없이 남은 사람 지체하니
산신령은 나 미워할 필요 없다네

옥류폭포 옆 부분으로 자연대가 있던 장소로 추정된다.

다시 자네 손잡고 돌아가
향로봉 정상에 함께 오르세

香爐峯

悠悠世事備嘗曾(유유세사비상증) 只愛仙區瑞靄騰(지애선구서애등)
雷自鬪時飛白練(뢰자투시비백련) 日常昏處覆蒼藤(일상혼처복창등)
非關漢女留人滯(비관한녀유인체) 不必山靈向我憎(불필산령향아증)
更欲携君一歸去(갱욕휴군일귀거) 香爐峯上共躋登(향로봉상공제등)

**지주와 함께 폭포에서 술 마시고, 취한 후 희롱하여 드린다**

산속에서 높은 벼슬 무에 귀할까
취한 뒤엔 사또님도 높은 분 아닐세
향로봉 아래 바위에 함께 누우니
국화술통 주변으로 폭포수 흩날리네

與地主飮瀑布。醉後戱呈

山中輔國何須貴(산중보국하수귀) 醉後知州未必尊(취후지주미필존)
共臥香爐峯下石(공와향로봉하석) 瀑流飛濺菊花樽(폭류비천국화준)

地主(지주)는 간폭정을 지은 곳의 땅의 주인인 조성보(趙聖輔, 1634~미상)를 지칭한다. 아울러 1구에 등장하는 輔國(보국)은 품계가 보국까지 이르렀었

---

**漢女(한녀)** : 주(周)나라 때 정교보(鄭交甫)가 초(楚)나라를 노닐다가 한고대(漢皐臺) 아래에서 만난 신녀(神女)

던 남용익 자신을 지칭한다.

그런데 2구에 재미있는 단어가 등장한다. 시 제목의 地主가 고을 수령을 의미하는 知州(지주)로 바뀐다. 그런데 조성보가 양주 군수를 역임했다는 기록은 나타나지 않고 있다. 다만 강원도 관찰사 그리고 승지 등을 지낸 기록만 나타난다.

### 자연대(紫煙臺)

남용익의 아들 남정중에 의하면 자연대는 옥류동 향로봉 아래 있는데 아버지께서 명명하였다고 기술되어 있다. 자연(紫烟)은 말 그대로 깊은 산속에 이는 자줏빛 연기로, 신선 세계를 뜻한다.

**밤에 자연대에 올라. 취하여 피륙체를 본받아**
**(夜登紫煙臺。醉效皮陸體)**

月出雪失潔(월출설실결) 달 뜨며 눈은 깨끗함 잃으니
杯來梅催開(배래매최개) 술 따르며 매화 피라 재촉하네
岳麓削白玉(악록삭백옥) 산 기슭은 백옥 깎은 듯하여
排徊崔嵬臺(배회최외대) 높디 높은 대에서 배회하네

皮陸(피륙)은 당나라 시대의 시인 피일휴(皮日休)와 육귀몽(陸龜夢)을 지칭한다. 두 사람은 일찍이 녹문산(鹿門山)에 은거하여 서로 친하게 지냈으므로, 당시 사람들이 그 두 사람을 합쳐서 '피육(皮陸)'으로 일컬었다. 아울러 피륙체는 모음(母音)이 같고 또 운(韻)이 같은 글자들끼리 모아 시구를 만들어서 짓는 시를 말한다.

폭포를 방문하여 취해 돌아오다. 다음날 잠에서 깨어 흥 일어 기록하다
(訪瀑布醉歸。翌日睡起記興)

醉下紫煙臺(취하자연대) 자연대 아래서 취하여
不知山雨來(부지산우래) 산에 비 내린지 몰랐네
今朝初罷睡(금조초파수) 오늘 아침 일찍 잠에서 깨니
牕外海棠開(창외해당개) 창 밖에 해당화 피었네

보만당(保晩堂)

보만당은 이정구의 호로 서강의 현석촌(서울 마포 인근)에 보만당을 짓고 살았던 데서 유래한다. 보만은 늘그막을 보존한다는 뜻으로 남용익은 대선배인 이정구를 따라 자신의 집에 보만이라는 현판을 걸었다.

보만당에서

마을 절구질 울타리 너머 소리 끊어졌다 이어지니
내 집 가장 먼저 옛 정 생기네

술잔 들고 연한 산나물 탐내어 집고

책 보다 밝은 종이 창가로 나아가네

매화가지 끝에 달 걸려 향기만 동하는데

측백나무에 바람 부니 꿈 또한 맑다네

다시 자네 손잡고 돌아가

긴 노래 짧은 시로 평생 보내리라

保晩堂

村舂斷續隔籬聲(촌용단속격리성) 最是吳廬有舊情(최시오려유구정)

把酒貪拈山菜軟(파주탐념산채연) 看書愛就紙窓明(간서애취지창명)

梅梢月到香偏動(매초월도향편동) 柏樹風來夢亦清(백수풍래몽역청)

更欲携君一歸去(갱욕휴군일귀거) 長歌短詠了平生(장가단영료평생)

## 부용사(芙蓉榭)

부용사의 위치가 어디인지 자세하지 않다. 그러나 이희조에 의하면 부용사는 남용익의 친구인 적곡 김익렴(金益廉, 1622~?)의 정자 정도로 비쳐진다.

부용사에서

이 늙은이 마음 평생 내 안다오

홀로 부용사에 누우니 온통 흰 머리라네
안과 밖이 서로 맞으며 또 곧기도 하니
꽃 색은 순서 가리지 않으며 엷고 또 진하네
신선은 향 찾아 바람 타고 이르고
아름다운 사람은 잎 따려 달빛 찾네
다시 자네 손잡고 돌아가
함께 술 마시고 문장으로 산림을 꾸미세

芙蓉榭

平生此老我知心(평생차로아지심) 獨臥蓮齋雪滿簪(독와연재설만잠)
中外藕形通且直(중외우형통차직) 後先花色淺仍深(후선화색천잉심)
探香仙子乘風至(탐향선자승풍지) 摘葉佳人帶月尋(적엽가인대월심)
更欲携君一歸去(갱욕휴군일귀거) 共揮詞華賁山林(공휘사화분산림)

**동지날 동보의 집에 가서 매화를 감상하고 다음날 아침 선회하여 부용사를 찾았다. 밤에 돌아와 적곡의 운에 차운하다.**

은거하여 살며 처음으로 자지촌 방문하여
적곡의 집에서 멋진 모임도 가졌다네
섣달 기다려 매화 꽃 망울 터트려 피니

**摘葉(적엽)** : 세세하고 자잘한 일을 교묘하게 하는 데에 힘쓰는 것으로, 문장 따위를 아름답게 꾸며 짓는 일 등을 말한다.

얼음으로 뒤덮인 금류 폭포와 옆으로 난 돌 계단, 경사가 상당히 가파른데 사진으로는 완만해 보인다.

추위 떨치는 좋은 술 모두의 잔에 가득하네

객과 짝한 한가한 중은 고개 넘으라 재촉하고

사람 따르는 밝은 달은 곧바로 문에 도달하네

오늘 새벽에 시냇가 눈 살펴보니

왕자가 배 맨 흔적 남아 있다네

**至日。往同甫家賞梅。翌朝。轉訪芙蓉榭。夜還。次赤谷韻。**

幽居初訪紫芝村(유거초방자지촌) 勝集仍開赤谷軒(승집잉개적곡헌)

待臘芳梅纔吐蕊(대랍방매재토예) 排寒美酒各盈樽(배한미주각영준)

閑僧件客催踰嶺(한승반객최유령) 好月隨人直到門(호월수인직도문)

今曉試看溪上雪(금효시간계상설) 定留王子泊舟痕(정류왕자박주흔)

앞의 시 내용을 살피면 상당히 모호하다. 남용익이 적곡 김익렴과 함께 동보의 집을 방문한 것으로 풀이되는데, 그리고 시 제목에서도 동보의 집에서 매화를 감상하였다고 기술되어 있는데 시의 내용을 살피면 동보의 집이 아닌 적곡의 집으로 기술되어 있다.

---

**紫芝(자지)** : 자지는 영지(靈芝)로 자지촌은 이희조의 집이 있던 영지동을 의미한다. 영지동은 현재 남양주시 진접읍 내곡리를 지칭한다.

**王子(왕자)** : 진(晉)나라 왕휘지(王徽之)를 의미한다. 왕휘지가 산음에서 살던 어느 겨울밤, 잠을 자다가 큰 눈이 내려 사방이 하얀 것을 보고 멀리 섬계(剡溪)에 사는 벗 대규(戴逵)를 보고 싶은 충동이 일어났다. 즉시 조각배를 타고 떠나 새벽녘이 되어 그의 문 앞에까지 갔다가 들어가지 않고 그만 돌아오자, 누가 그 이유를 물으니 “나는 본디 흥이 나서 갔다가 흥이 식어 돌아온 것이다. 대규를 반드시 볼 일이 뭐가 있겠는가.”라고 대답하였다. 흔히 호방한 흥을 즐기는 고사로 인용된다.

## 남용익의 자손들

청학리에 관한한 남용익뿐만 아니라 그의 아들과 손자 등 여러 사람들이 발자취를 남기고 있다. 하여 이 장에서는 그들이 남긴 흔적을 역시 엄선하여 감상해보도록 한다.

### 남정중(南正重, 1653~1704)

남용익의 아들로 호조좌랑, 포천현감, 이조정랑, 충청도관찰사 등을 역임하였다. 충청도 관찰사 시절 늙은 어머니의 봉양을 위해 체직(벼슬에서 물러남)을 청할 정도로 효심이 지극했다.

#### 남촌에 빌린 집에서 사실을 기록하며 읊다

길거리에 겨우 몇 칸 집 빌렸는데
답답한 나그네 시름 풀리지 않아 괴롭네
종적은 이미 청쇄달과 멀어졌고
꿈속은 자연대에 길게 둘러있다네
한단 저자에 사람은 조석으로 모여들고
정위 문 앞에 나그네 가고 오네
처마 끝에 한 쌍 제비 있는데
일찌감치 알고서 일부러 날아 도는 듯

자연대에서, 양주 옥류동 향로봉 아래 있는데 아버지께서 명명하였다

僦屋南村記實有吟

當街僦屋數間纔(당가추옥수간재) 欝欝羈懷苦未開(울울기회고미개)

蹤跡已踈青瑣闥(종적이소청쇄달) 夢魂長繞紫烟臺(몽혼장요자연대)

邯鄲市上人朝暮(한단시상인조모) 廷尉門前客去來(정위문전객거래)

惟有簷頭雙燕在(유유첨두쌍연재) 似曾相識故飛廻(사증상식고비회)

紫烟臺。在楊州玉流洞香爐峯下。先人所命名

(자연대, 재양주옥류동향로봉하, 선인소명명)

보만당에 감회 있어 이백운을 화운하여

(保晩堂感懷。和李白雲韻)

菀彼丘中樹(울피구중수) 울창한 저 언덕 속 나무에

---

**青瑣闥(청쇄달)** : 한(漢) 나라의 궁궐 문 이름

**邯鄲(한단)** : 전국 시대 조(趙) 나라의 한단 백성들이 상황이 위급해지자 쏘시개로 뼈를 태우고 자식을 바꿔 서로 잡아먹었다는 기록이 전해 온다.

**廷尉門前(정위문전)** : 한(漢)나라 적공(翟公)이 정위로 있을 때는 빈객이 문에 가득하더니 관직에서 축출되자 문밖에 참새 그물을 칠 만큼 썰렁하였는데, 그 후 그가 다시 정위가 되니 사람들이 몰려들었다. 이에 적공이 문에 큰 글씨로 적기를, '한 번 죽고 한 번 삶에서 벗의 우정을 알 수 있고, 한 번 빈한하고 한 번 부유함에서 벗의 태도를 알 수 있고, 한 번 귀하고 한 번 천함에서 벗의 우정이 드러난다.' 하였다.

有烏將雛飛(유오장추비) 새끼 데리고 나는 까마귀 있네

游子自多感(유자자다감) 길 떠난 나그네 절로 느낌 많은데

况値故山歸(황치고산귀) 하물며 고향 산천으로 돌아간 뒤라

先人有弊廬(선인유폐려) 아버지께서 지은 낡은 집 있으니

偃息一荊扉(언식일형비) 사립문 하나 세우며 유유자적하네

春暉嗟易夕(춘휘차이석) 봄빛이 이다지도 쉽게 저녁되다니

朝露怨未晞(조로원미희) 아침 이슬 마르지 않아 원망하네

詩廢伯魚庭(시폐백어정) 백어는 정원에서 시 버리고

綵綻萊子衣(채탄래자의) 래자의 색동옷 비단 터지네

瞻言寄餘敬(첨언기여경) 존경심을 바치며 우러러보니

雙栢已成圍(쌍백이성위) 두 쌍의 측백 나무 이미 에워쌓네

名堂保晩意(명당보만의) 당 이름인 보만의 뜻

佩服尙無違(패복상무위) 가슴에 새겨 항상 어긋나지 않으리

남유상(南有常, 1696~1728)

남정중의 손자로 남용익의 증손자다. 춘추관기사관, 수찬, 이조정랑을 역임하였으나 병으로 일찍 죽었다.

---

**李白雲(이백운)** : 신라의 최고운(崔孤雲)과 함께 시의 대가로 불린 고려의 시인

**伯魚庭(백어정)** : 공자가 홀로 뜨락에 서 있을 때에 아들 백어(伯魚)가 종종걸음으로 정원을 지나가자 공자가 불러 세우고 시와 예절을 배워야 한다고 가르침을 내렸던 고사가 있다.

**萊子衣(래자의)** : 춘추 시대 초나라의 은사(隱士)인 노래자(老萊子)가 나이 칠십에 부모님을 기쁘게 해 드리기 위하여 색동옷을 입고 재롱을 떨었다는 고사가 있다.

**瞻言(첨언)** : 식견이 원대한 사람을 지칭한다.

### 운수암에서, 심상인에게 바치다. 1775년에

(雲水庵。贈了心上人。乙未)

地淸還有月(지청환유월) 맑은 곳에 다시 밝은 달 뜨고

山僻復無塵(산벽부무진) 외진 산이라 세상 티끌 없네

麋鹿知僧面(미록지승면) 고라니와 사슴 스님 얼굴 알고

蜘蛛上佛身(지주상불신) 거미들은 불상 위에서 노니네

落花空裏雨(낙화공리우) 꽃잎은 쓸쓸히 빗 속에 지고

流水世間春(유수세간춘) 흐르는 물에 이 봄도 흘러가네

一轉金剛偈(일전금강게) 불현듯 금강경 게송 들려오니

緣渠欲問眞(연거욕문진) 그 인연 찾아 진리 물어보고파

남유용(南有容, 1698~1773)

남유상의 동생으로 대사성, 예조참판, 지중추부사, 형조판서 등을 역임했다. 후일 보위에 오른 정조가 세 살 때 무릎에 앉혀놓고 글을 가르쳤던 인물로 정조는 그의 은덕을 오래도록 잊지 않았다.

### 옥류동 내원암을 유람하고 원 스님의 방에서 묵다

맑은 시내 가까이 부들방석에 하루 묵으니

동 틀 무렵 골짝에 새들 다투어 지저귀네

내원암 상방에 스님 아직 일어나지 않았는데
나는 이미 훌쩍 고송 서쪽에 있네

遊玉流洞内院。寄宿圓公丈室

蒲團一宿近清溪(포단일숙근청계) 拂曙爭先谷鳥啼(불서쟁선곡조제)
雲掩上房僧未起(운암상방승미기) 翛然吳已古松西(소연오이고송서)

## 밤에 운수암을 두드리며, 중의 말을 기록하다

(夜叩雲水菴。記僧語)

微月雙杵鳴(미월쌍저명) 희미한 달 빛에 한 쌍 공이 울리고
隔林聞僧語(격림문승어) 숲 너머에서 스님 말소리 들리네
山徑葉有響(산경엽유향) 오솔길 낙엽에 냄새나니
莫是虎過去(막시호과거) 혹시 호랑이 지나가지 않았는지
老僧出門語(노승출문어) 노승은 문 나서서 말하네
石碓愼莫開(석대신막개) 돌 방아 부디 열지 말라고
野鶴知夜舂(야학지야용) 벌판의 학 방아 찧는 소리 아니
應復越陌來(응부월맥래) 응당 다시 두둑 넘어 올게네
驅馬至寺門(구마지사문) 말 몰아 절문에 도착하니

---

**拂曙(불서)** : 불효(拂曉)와 같은 말로 새벽녘, 막 동이 틀 무렵을 지칭한다.

老僧迎我笑(노승영아소) 노승은 미소로 나를 영접하네

比丘且炊黍(비구차취서) 비구는 또 밥 지으니

盖是檀越到(개시단월도) 대략 시주 도착한다네

석천동에 들어. '외로운 봉우리에 도착한 나그네가 흰 구름 쓰네'의 운을 사용하여. 나는 '백'자를 얻었다.

(入石泉洞。用客至孤峯掃白雲爲韻。余得白字)

春事忽已晩(춘사홀이만) 봄날 어느덧 저물어가니

山花澹向白(산화담향백) 산꽃 맑고 희게 변하네

虛榭水聲集(허사수성집) 정자에 물소리 모이고

古徑松風積(고경송풍적) 옛 길에 솔바람 쌓이누나

負策東澗隈(부책동간외) 지팡이 집고 산골 물굽이 동쪽

妙境從心獲(묘경종심획) 묘한 지경에서 종심 얻네

而我不諧俗(이아불해속) 나는 세속과 어울리지 못하지만

雅懷在山澤(아회재산택) 고상한 생각 자연에 있다네

會意不在遠(회의부재원) 마음 맞는 벗 멀리 있지 않으니

一笑便自適(일소편자적) 한번 웃고 편하게 즐기네

---

**從心(종심)** : 공자가 "70살이 되면 마음대로 하여도 법규에서 벗어나지 않는다." 하여서 70살을 종심이라고 말한 것이다.

**杜若(두약)** : 양하과에 딸린 여러해살이풀. 양하(蘘荷)와 비슷함

**東峯客(동봉객)** : 매월당 김시습

위험천만하기 짝이 없는 거대한 탑 바위로 저 멀리 청학리 아파트 단지가 흐릿하게 보인다.(숲이 우거진 상태에서는 쉽사리 볼 수 없다.)

況有佳友至(황유가우지) 하물며 좋은 친구 만나니

可以永今夕(가이영금석) 오늘 저녁 영원할 수 있다네

芳洲采杜若(방주채두약) 아름다운 물가에서 두약 캐어

欲贈東峯客(욕증동봉객) 동봉 나그네에게 드리고자 하네

남공철(南公轍, 1760~1840)

남공철은 남유용의 아들로 대사성, 이조판서, 대제학, 우의정, 영의정을 역임하였다. 많은 금석문 · 비갈을 남긴 당대 제일의 문장가로 평가된다.

### 9일 옥류동에서 놀며

(九日 遊玉流洞)

山靈猜俗子(산령시속자) 산신령은 세상 사람 시기하여

陰霧故霏微(음무고비미) 일부러 안개 자욱하게 지었네

潭深龍一吟(담심용일음) 깊은 못에 용 울음 한번 토하자

秋淸鴈孤飛(추청안고비) 맑은 하늘에 기러기 외롭게 나네

値玆重陽節(치자중양절) 이제 중양절(9월 9일) 만났으니

幽懷感殘暉(유회감잔휘) 그윽한 회포 느낌은 쇠잔해진다네

折簡地主會(절간지주회) 지주가 만나자는 편지 보내오고

揷菊野童歸(삽국야동귀) 시골 아이 국화 꽂고 돌아가네

石氣侵衣冷(석기침의랭) 돌 기운 옷 뚫고 들어와 차갑고

松籟吹面醒(송뢰취면성) 솔 바람 얼굴에 불어 술 깬다네

合流爭噴薄(합류쟁분박) 물결 합하여 다투어 용솟음치니

雷雨蓄怪靈(뇌우축괴령) 뇌우는 괴이한 혼령 모은다네

初疑水氣白(초의수기백) 처음에는 안개 희다 의심했지만

復訝林木靑(부아림목청) 다시 수풀 푸르다 의심하였네

寤心能自適(오심능자적) 즐거운 마음 스스로 즐길 수 있으니

流矚無暫停(유촉무잠정) 흐르는 눈길 잠시도 머무르지 않네

淸讌當枕席(청연당침석) 술자리에 베게와 자리 당연하고

佳境險處經(가경험처경) 험한 곳 지나니 절경이로세

此地可攬結(차지가람결) 이곳 움켜 잡을 수 있는데

何由置小亭(하유직소정) 무슨 이유로 작은 정자 만들까

## 옥류동 단골손님들

옥류동은 남용익의 할아버지 때부터 이정구의 아들들이 찾기 시작했고 또 남용익이 터를 잡자 이정구의 증손자인 이희조, 하조 형제 그리고 벗 김수흥을 위시하여 여러 사람들이 방문하여 수락산을 즐기며 많은 작품을 남긴다. 그 중에서 몇 작품 실어본다.

### 이정구의 자손들

조선조 한문사대가(漢文四大家)의 한 사람인 이정구(李廷龜, 1564~1635)는 본관은 연안(延安). 자는 성징(聖徵), 호는 월사(月沙)·보만당(保晩堂)·치암(癡菴)·추애(秋崖)·습정(習靜)이다.

그가 1582년(선조15) 가을에 수락산을 방문하고 기록을 남긴다. 월사집에 실려 있다.

『내가 정시회(鄭時晦, 정엽)와 영국서원(寧國書院, 도봉서원)에서 글을 읽다가 도봉산과 수락산을 유람하였다. 당시 나와 정시회는 모두 약관(弱冠)의 나이라 위험한 곳을 꺼리지 않고 샅샅이 다 구경하였다. 그리고 30여 년 동안 이 산들을 노니는 꿈을 자주 꾸곤 하였다.』

이정구와의 관계는 남용익의 할아버지로 거슬러 올라간다. 아래 월사의 아들인 이명한의 글에서도 나오지만 두 사람의 관계가 돈독했던 모양이다. 비록 월사가 수락산에서 남긴 작품은 보이지 않지만 그 아들과 자손들이 수시로 수락산을 방문하여 작품을 남겼다. 그 속으로 들어가보자.

이명한(李明漢, 1595~1645)

이조좌랑, 이조정랑, 대제학, 이조판서, 예조판서 등을 역임했다. 아버지 이정구, 아들 이일상(李一相)과 더불어 3대가 대제학을 지낸 것으로 유명하다.

문경 남진에게 드리다

(贈南聞慶 鎭)

積雪蘆原野(적설노원야) 노원 들판에 눈 쌓였고

層氷水落山(층빙수락산) 수락산은 얼음 겹겹이네

天寒日欲暮(천한일욕모) 세밑 추위에 날 저무려 하니
匹馬若爲還(필마약위환) 한 필 말로 어떻게 돌아갈까

제목에 등장하는 南鎭(남진)은 앞서 잠시 설명을 곁들였지만 남용익의 할아버지다. 이명한의 아버지인 이정구의 작품 중에 '남진(南鎭)이 양지(陽智, 경기도 용인)의 원님이 되었다고 와서 고별하며 시를 지어 달라고 하기에 술 취해 그 부채에 써 주다.'가 있다. 아울러 이 작품은 수락산 유람을 마치고 돌아가는 길에 쓴 글로 풀이된다. 허나 글의 내용 이해를 위해 먼저 실어보았다.

수락산에서 놀며

아침에 갈가마귀 붉은 단풍에 앉았고
개울 너머 말소리 물소리와 섞여 들리네
어제 밤 바위 위 절 빌려 묵었는데
양 소매 오히려 만 골짝 바람 머금었네

遊水落山

朝日寒鴉坐赤楓(조일한아좌적풍) 隔溪人語水聲中(격계인어수성중)
前宵借宿巖頭寺(전소차숙암두사) 雙袖猶含萬壑風(쌍수유함만학풍)

앞의 글에서 바위 위 절은 내원암을 지칭한다. 바로 이어지는 시가 그를 입증한다.

| 내원암 |

### 내원암에 묵으며 아우 소한에게 보이다

(宿內院庵。示道章)

丈室琉璃淨(장실유리정) 주지의 방 유리 깨끗한데

層巖一逕微(층암일경미) 층층 바위 한 줄기 길 희미하네

佛燈明到曉(불등명도효) 불등 새벽까지 밝히고 있으니

山雪白通輝(산설백통휘) 산에 눈 찬란할 정도로 반짝이네

梅隱淸風在(매은청풍재) 은거한 매월당의 맑은 바람 있으니

麻姑故跡非(마고고적비) 마고의 옛 자취 아니라네

三宵連枕樂(삼소연침락) 삼일 밤 베게에 이어진 즐거움

此地最依依(차지최의의) 이 곳이 가장 아쉽구나

상기 제목에 등장하는 道章(도장)은 이소한의 자로, 아우인 소한과 내원암에 함께 묵으면서 시를 지어 보여준다. 그러자 그에 뒤질세라 소한이 응답한다.

### 내원암에서 형님의 운자에 차운하다. 암자는 수락산 매월당 구지 아래 쪽에 있다.

(內院菴。次舍兄韻。菴在水落山梅月堂舊址下)

---

**麻姑(마고)** : 전설 속 선녀

이소한(李昭漢, 1598~1645)

磬罷禪房靜(경파선방정) 경쇠 소리 마친 선방 고요하고

淸看萬念微(청간만념미) 맑은 모습 바라보니 오만 생각 희미하네

爐煙香合炷(노연향합주) 화로의 연기 향합에서 타오르고

山雪月添輝(산설월첨휘) 산에 눈 달빛에 더욱 반짝이네

內院名何久(내원명하구) 내원이란 이름 얼마나 오래되었나

西天道不非(서천도불비) 서방정토길 그르지 않다네

梅仙遺跡在(매선유적재) 매월당 발자취 남아 있으니

文藻想依依(문조상의의) 글재주 생각하니 아쉽구나

이소한은 이명한의 동생으로 예조참의, 형조참판 등의 직을 역임했다. 시 제목에서 매월당 구지에 대한 언급이 나타난다. 내원암 위에 위치해 있다고.

수락산에서 놀며, 덕유 최선을 차운하여

이단상(李端相, 1628~1669)

정과 성은 원래 물의 맑음과 탁함과 같으니

---

**內院(내원)** : 미륵보살의 정토를 의미

고요하면 성이 되고 움직이면 정이 된다네

나는 아네, 움직인 후 정이 비록 탁하더라도

탁한 곳엔들 어찌 고요함 속에 맑음이 없겠는가

游水落山。次崔德裕 宣 韻。

情性元同水淸濁(정성원동수청탁) 靜時爲性動爲情(정시위성동위정)

從知動後情雖濁(종지동후정수탁) 濁處寧無靜裏淸(탁처영무정리청)

이명한(李明漢)의 아들로 여러 차례 벼슬을 지냈으나 37살에 인천부사를 거쳐 사헌부 집의를 끝으로 관직 생활을 청산하고 경기도 양주 영지동(남양주시 내곡리) 일대에 정관재라는 서재를 짓고 은거하였다. 이후 후진 양성에 힘써 아들 이희조(李喜朝)를 비롯하여 김창협(金昌協) · 김창흡(金昌翕) · 임영(林泳) 등의 학자를 배출하였다.

제목에 등장하는 최선에 대해서는 상세한 기록이 보이지 않는다. 그저 이단상의 벗 정도로 짐작된다.

이희조(李喜朝, 1655~1724)

이명한의 손자, 이단상의 아들이다. 인천현감, 이조참판, 대사헌 등을 역임하였다. 1721년(경종 1) 신임사화로 김창집(金昌集) 등 노론의 대신이 유배 당할 때 영암으로 유배되었고, 철산으로 이배 도중 죽었다

옥류동과 멀지 않은 곳에 거주하였던 그가 수시로 수락산을 방문하여 많

은 작품을 남겼다. 역시 몇 작품 골라 감상해보자.

5월 6일에 정승 김수흥이 형인 곡운 김수증, 학사 이세백 형제와 함께 이르렀다. 나는 계당을 지나 김창협 형과 정능 민진후, 백온 김진옥, 동생 낙보 이하조와 함께 출발했다. 수락산에 가니 목사 영공 이유와 도정 이홍일 역시 먼저 도착해 기다리고 있었다. 모두 묵기로 약속되어 있어, 하루 종일 폭포 위를 소요했다. 저녁에 흥국사로 돌아가 묵었다.

정승께서 오셔서 노셨으니 어찌 우연인가
은류폭포 거듭 찾아 신선처럼 앉았네
고상한 분 오셨으니 참으로 기이한 만남이고
목사 틈 타 참여하니 또한 좋은 인연일세
학사의 청아한 이야기 분위기 한껏 고조시키고
서생은 술에 취해 깊이 잠들었네
띠풀 집 짓고 이 산에 살고 싶은데
어진 이 마을 주인 때문에 더욱 좋아라

端陽後一日。退憂相公與谷雲丈 金公壽增 及李學士 世白 昆弟。過余溪堂。余與仲和兄，閔靜能 鎭厚，金伯溫 鎭玉 家弟樂甫 賀朝 同發。往水落山。牧使李令公 濡，李都正 弘逸。亦先已來待。蓋皆有宿約也。竟日逍遙於瀑上。至夕歸德寺宿。

은류폭포의 하단부 모습

相國來遊豈偶然(상국래유기우연) 重尋銀瀑坐羣仙(중심은폭좌군선)

高人枉駕眞奇遇(고인왕가진기우) 太守乘閑亦勝緣(태수승한역승연)

學士淸談供戱謔(학사청담공희학) 書生醉興入酣眠(서생취흥입감면)

誅茅我欲茲山卜(주모아욕자산복) 好事還憑洞主賢(호사환빙동주현)

앞의 시와 관련하여 이희조의 '유수락산기'(遊水落山記)에 상세하게 기록되어 있는 바 부연한다.

1682년 단양절(단오)을 맞이하여 김수홍 형제와 이세백, 이세일 형제가 김수홍의 할아버지인 김상헌(金尙憲, 1570~1652)의 석실(현 남양주 와부 소재)에 성묘하고 이희조의 계당에 이르렀다. 이는 이미 약속되어 있던 일로 이 날 모임에 김창협, 민진후, 이하조, 김진옥 그리고 이유, 이홍일, 김창열과 그 아들들, 김수만과 하인들의 많은 인원이 수락산 폭포를 찾아 연장자 순으로 빙 둘러앉아 잔을 띄우고 그야말로 잔치판을 벌인다. 이어 저녁이 되어 부슬비가 내리자 일행이 흥국사로 자리를 옮긴다. 그때 목사 이유의 동생인 이담이 광릉으로부터 와서 합세하여 한마디로 봄 소풍 제대로 누렸다고 한다.

참고로 이세백 형제는 김상헌의 외증손이고 이희조는 김수홍의 사위이다.

호곡께서 서신을 보내 우리 형제와 함께 수락산을 감상하고 상류의 폭포를 찾고 새 절을 구경하자 하셨다. 낙보와 함께 그곳으로 가 오후에 간폭정에 도착했다. 잠시 쉬고 위에 새 절로 걸음을 옮겼다가 저녁에 다시 내려왔다. 해가 져서야 귀가했다.

이 날 낙보가 시를 먼저 읊조려 지었다. 호곡께서 또 우리들을 곤란하게 만들었는데, 때때로 시를 지어내니 한나절만에 모두 15편을 얻었다. 그런데 호곡께서 먼저 법을 세워 칠율을 사용하여 짓지 못하게 하였다. 때는 4월 1일이었다.

(壺谷送書。要余兄弟共賞水落。仍尋上瀑。觀新寺。余携樂甫赴焉。吾到看瀑亭。少憩。步上新寺。至夕還下。日昏後始歸家。是日樂甫先倡賦詩。壺翁又欲困余輩。時時出他作。半日之間。合得十伍篇。而壺翁先立法。使不作七律焉。時四月初一日也)

入洞已流水(입동이유수) 동구로 들어서니 이미 물 흐르고

居人只數家(거인지수가) 그곳에 몇 집만 살고 있었지

初隨飛去鳥(초수비거조) 따스한 봄날이라 새 날아가고

更逐落來花(갱축락래화) 다시 꽃은 잇달아 떨어지네

翠壁重重立(취벽중중립) 푸른 절벽은 겹겹이 서있고

淸流曲曲斜(청류곡곡사) 맑은 물 굽이굽이 흘러가네

靈源尋不得(영원심부득) 신령한 그 근원 찾지 못했는데

木末起丹霞(목말기단하) 나무 끝에선 붉은 노을만 이네

호곡 남공 용익을 배알하다. 송산에 있는 호곡의 보만당에서, 호곡께서 간단한 주안상을 마련하고 나를 기다렸다. 나는 취한 것도 깨닫지 못했다. 막 가려하는데 삼학상인이 와서 함께 자리했다. 날은 곧 저녁이 되었고, 가려하는데 호곡께서 시 한편 내놓으면서 내게 시를 짓지 않으면 돌아갈 수 없다 했다. 나는 빨리 돌아가기 위해 바쁘게 시 두 편을 지어 바쳤다.

하나

문득 산중에서 흰 장삼 입은 스승 만나고
소매 속에서 술 취한 노인의 시 보았네
봄바람에 물가에서 목욕하고 돌아가는 곳
말하고 싶지 않아 다만 시 지을 뿐이네

둘

논어 책 속에서 공자님 마주했는데
상사 유독 좋아하여 시로 말하였네
스승의 공경하는 그 뜻 알고자 한다면
책상 머리에 앉아 술이편 읽게나

拜壺谷 南公龍翼 老爺於松山之保晩堂。老爺設小酌以待余。余不覺至醉。時適三學上人來會。日旣夕。余將退。老爺出一詩。命余以爲不作無歸。余爲其速歸。忩忩綴二篇以呈。

一

忽遇山中白衲師(홀우산중백납사) 仍看袖裏醉翁詩(잉간수리취옹시)
春風沂水歸來處(춘풍기수귀래처) 我欲無言只詠而(아욕무언지영이)

二

論語書中對聖師(논어서중대성사) 獨憐商賜可言詩(독련상사가언시)

欲知夫子謙謙意(욕지부자겸겸의) 須向床頭讀述而(수향상두독술이)

## 호곡옹 만사

이미 황문 짓고 한잔 술 부었는데

다시 애사 지으려니 어찌된 말인가

정원 앞 쌍백에 높은 절개 남았고

병 속 맑은 얼음 옛 모습 생각나네

천년에 걸친 대명은 역사에 빛나고

구천에 남은 한 귀신이 안다네

가장 가련한 간폭정 그래도 남았으니

누가 당년에 이태백의 시를 이을꼬

## 壺翁挽

已綴荒文酹一巵(이철황문뢰일치) 更將何語作哀詞(갱장하어작애사)

---

**春風沂水(춘풍기수)** : 《논어》〈선진(先進)〉에, 증점(曾點)이 '늦봄에 봄옷이 이루어지면, 관을 쓴 어른 대여섯과 아이 예닐곱과 함께 기수(沂水)에서 목욕하고 무우(舞雩)에서 바람 쐬며 돌아오겠습니다.'라고 하였다.

**商賜(상사)** : 공자의 제자인 자하와 자공을 지칭한다.

庭前雙栢留高節(정전쌍백유고절) 壺裏清氷想舊姿(호리청빙상구자)

千載大名編簡耀(천재대명편간요) 九原遺恨鬼神知(구원유한귀신지)

最憐看瀑亭猶在(최련간폭정유재)誰繼當年李白詩(수계당년이백시)

호곡 남용익이 사망하자 이희조의 슬픔이 이만저만 아니다. 그 슬픔이 그대로 상기 작품에 나타나고 있다.

이하조(李賀朝, 1664~1700)

수락산에서 돌아오는 길에 쌍백정에 들었는데 호곡옹께서 글이 만류하여 묵었다. 돌아오는 길에 호곡옹께서 양빈 스님을 보내고 이어서 시를 지어 물으니 빨리 초하여 화답해 올리다.

우연히 신선 산에 들어 설잠 방문하니

백정은 뜨락에 가득한 그늘 쓸어내네

바람과 서리 맞은 골짝 가을 저물어가고

등 홀로 밝힌 빈 당 밤 이미 깊었다네

고요한 곳 잠자리에 남은 객 묵는데

이별한 뒤 남은 술 누가 따르라 허락했나

---

**荒文(황문)** : 거칠고 너저분한 글

**壺裏清氷(호리청빙)** : 병 속에 맑은 얼음으로 사람의 인품과 덕성이 청백하고 개결(介潔)한 것을 비유한다. 즉 남용익의 성품을 의미한다 할 수 있다.

오늘 아침 누추한 곳에 생생한 빛 나부끼니

노 스님 훌륭한 시편 찾아 새로 휴대하네

水落歸路。入雙栢亭。被壺翁挽宿。旣歸。壺翁送彬師。兼有詩以問。走草和呈。

偶入仙山訪雪岑(우입선산방설잠) 栢亭仍掃滿庭陰(백정잉소만정음)

風霜絶壑秋將暮(풍상절학추장모) 燈燭虛堂夜已深(등촉허당야이심)

靜裡匡床留客宿(정리광상유객숙) 別來餘酒許誰斟(별래여주허수짐)

今朝陋巷翻生彩(금조누항번생채) 老釋新携寶唾尋(노석신휴보타심)

이하조는 이희조의 동생이다. 사복시주부, 공조좌랑, 부평현감을 역임하였으나 37세의 젊은 나이로 죽었다.

앞의 시에 등장하는 雪岑(설잠)의 쓰임이 흥미롭다. 설잠은 매월당 김시습의 법호인데 상기 시에 등장하는 양빈 스님을 지칭하는 듯하다. 또한 栢亭(백정)은 쌍백정의 주인인 남용익을 지칭하는 듯하다.

## 애기(愛棋)부인 이야기

월사 이정구의 부인에 대한 이야기 곁들인다. 바둑을 좋아하여 애기(愛棋)부인으로 불리기도 한 월사의 부인은 안동 권씨(安東權氏)로 예조판서 권극지(權克智)의 딸이었다.

가례에 앞서 권극지는 귀한 딸을 위해 많은 혼수를 장만하였다. 이어 가례를 마치고 시댁으로 가기에 앞서 권 씨가 아버지를 찾아 예를 갖추고는 다음과 같이 말한다.

“며칠 남편의 인물을 살펴보니까 그는 재물로 밑받침을 해 줄 이가 아니라 소녀의 근공(勤功)과 뜻으로 도와줘야 될 문장의 바탕이었습니다. 즉 글로 이름을 알릴 분이온데 글이라면 재물이나 호사와는 멀리 있어야 한다고 생각합니다. 그러니 필요도 없는 제물일랑은 빼시고 대신 책으로 두어 채롱 채워서 주십시오.”

시댁으로 들어선 첫날부터 영면하기까지 베치마와 무명옷만 입고 길쌈은 물론 평생 손수 밥을 지어 올렸다 하니 그 정도가 어떠했음이 짐작된다. 이와 관련 정경부인 시절의 일화 한 토막 더 소개한다.

인조 임금 시절 선조의 딸인 정명공주 집에서 며느리를 맞는 날이었다. 하여 인조는 모든 대신들의 부인들도 그 자리에 참석하라는 명을 내린다. 그에 따라 많은 명문가의 여인들이 서로 뒤질세라 휘황찬란하게 치장하고 참석하였다.

그러나 정명공주는 그들에게는 시선도 주지 않고 누군가를 기다리고 있었다. 얼마 후 무명옷을 정갈하게 차려입었으나 어딘가 품위 있어 보이는 노부인이 안으로 들어섰다.

모든 여인네들이 노부인을 훑어보고 있는데 정명공주가 자리에서 일어나더니 버선발로 달려가 그 노부인을 반갑게 맞아 상석으로 모셨다. 잠시 환담을 나누고는 노부인이 자리에서 일어서려 했다.

"좀 더 머물다 가시면 아니 되겠는지요?"

"죄송합니다만 오늘 마침 삼부자가 다 당직이라 대궐엘 들어갔습니다 퇴궐하여 집에 돌아오면 시장할 터이니 빨리 돌아가서 밥을 지어야 합니다."

삼부자란 당시 좌의정 이정구와 아들 판서 이명한 그리고 승지 이소한을 지칭했다.

"아니, 어떻게 한날에 당직이 되셨나요?"

두 사람의 이어지는 대화를 듣고 여인들은 그제야 허겁지겁 일어나 예를 갖췄다. 소문으로만 들었던 정경부인임을 알아차렸던 것이다.

### 벗 김수흥

김수흥(金壽興, 1626~1690)

본관은 안동(安東)으로 대사간, 도승지, 호조판서, 판의금부사, 영의정 등을 역임했다. 남용익과 김수흥은 아래 시 제목에 나타나듯 分華之約(분화지약, 꽃을 함께 나누자는 약속)을 맺을 정도로 돈독하게 지냈다. 그리고 그 둘의 관계가 어떻게 이어졌는지 다음의 시를 감상해보자.

> 나는 7, 8년 전에 잠시 쌍수역(남양주시 내곡리)에 기거하였었는데, 그때 호곡 남상서 역시 감사의 봉직을 사직하고 소위 쌍백정에 물러나 쉬고 있었다. 역촌으로부터 다만 고개 하나 떨어져 있어 한 필의 조랑말 타고 서로 방문하였다. 수락의 폭포수는 지팡이와 신 신고 이를 수

있으니 나는 그 샘과 돌을 즐겼다. 세 번 가서 유람하였는데 이에 호곡이 분화의 약속을 진실로 주었다.

지금 호곡이 선영에서 휴가 얻어 한달 동안 한가로이 유람하니 가까이 사는 사람들에게는 좋은 일이라. 폭포수 아래에 조그마한 정자 하나 새로 지었으니 적선의 시 가운데 말을 취하여, 바위 골짝에 정자 아름다운 이름 짓지 아니할 수 없으니 칠언율을 지어 그 일을 짓는다. 인하여 추밀원 서리인 김숙이 부쳐 왔기에 종이 펴고 낭랑하게 시를 읊으니 마음과 정신이 아득함을 깨닫지 못하였다. 이미 옥류 시냇가에 있으며 졸렬한 솜씨 깜박 잊고 화답하여 드린다.

정자 주인 어른 자네인데
집 지으니 응당 제일 공신이라네
속세 떠나 백련사 이루었나니
천하에 흑두공 누가 세어보았는가
가파른 계곡 가까운 창은 은하수와 통하고
처마는 자궁 가까운 뭇 봉우리 안았네
사계절 맑게 감상함 불가하지 않으리
이슬 젖은 꽃과 방초 그리고 서리 맞은 단풍

余於七八年前。僑居于雙樹驛。時壺谷南尚書亦辭分司之倖。退休其所謂雙柏亭。自驛村只隔一嶺。余以一款段相訪。而水落瀑流。杖屨可至。余樂其泉石。三度往游。仍與壺谷實有分華之約矣。今者壺谷乞暇松楸。閱月閑游。而又倩隣人之好事者。新構一亭於瀑流之下。取謫仙詩中語。亭臺巖洞。無不揭以佳名。作七言律述其事。因樞府掾史金璹寄來。伸紙朗詠。不覺心神飛越。已在玉流川上矣。走拙和呈。

精廬君是主人翁(정려군시주인옹) 經始應爲第一功(경시응위제일공)
物外仍成白蓮社(물외잉성백련사) 寰中誰數黑頭公(환중수수흑두공)
窓臨絶澗通銀漢(창림절간통은한) 簷擁群巒近紫宮(첨옹군만근자궁)
淸賞四時無不可(청상사시무불가) 露花芳草又霜楓(노화방초우상풍)

## 수락산에서 동년인 심 군의 운자에 차운하다.

(水落山次沈同年韻)

比隣六七子(비린육칠자) 가까운 친구 예닐곱 명과
共作暮春游(공작모춘유) 함께 늦은 봄 나들이 나섰네
亂石槎牙立(난석사아립) 바위와 나무 어지러이 섰고
淸溪曲折流(청계곡절류) 맑은 시내 구부러져 꺾여 흐르네
洞深雲氣濕(동심운기습) 고을 깊어 구름 기운 습한데
林靜鳥聲幽(임정조성유) 수풀 맑아 새소리 그윽하네

---

**謫仙(적선)** : 신선 세계에서 인간 세상으로 귀양 온 사람
**黑頭公(흑두공)** : 머리가 검어 삼공(영의정, 좌의정, 우의정)의 지위에 오름
**紫宮(자궁)** : 자미궁으로 큰곰자리를 중심으로 170개의 별로 이루어진 별자리
**同年(동년)** : 나이가 같은 사람 혹은 같은 해에 등과한 사람을 지칭한다.

此樂誰能會(차락수능회) 이 즐거움 누구와 함께할까

歸來散百憂(귀래산백우) 돌아와 모든 근심 떨쳐버리네

### 이희조와 수락산에 가서 놀았는데 시를 부쳐와 차운하여 바로 보내다

당시 옥류동 두 차례 찾아와

녹음방초에 국화주 마셨었는데

눈 밟고 날아간 기러기 본디 찾기 어려우니

옛 자취 더듬다 아득하여 신세만 서글프네

同甫往游水落。以詩寄來。次韻却寄

仙洞當時再度來(선동당시재도래) 綠陰幽草菊花杯(녹음유초국화배)

飛鴻踏雪元難定(비홍답설원난정) 撫跡悠悠只自哀(무적유유지자애)

### 수락폭포를 방문하고

꽃 찾는 나그네 완전히 흥취에 녹아들어

수 많은 바위와 골짜기 속으로 들어서네

---

**飛鴻踏雪(비홍답설)** : 소동파의 시에 '인생이란 눈 진창에 남긴 기러기 발자국처럼 기러기 날아가고 눈 녹으면 발자국은 자취가 사라지는 것 같다.〔人生到處知何似 凝是飛鴻踏雪泥 泥上偶然留指爪 鴻飛那復計東西〕'라고 한 명구에서 나온 말이다.

숲 밖에 계곡 뚫는 물 시끄럽기 그지없고

지팡이 끝에 떨어지는 꽃바람 어지럽다네

저물녘 봄 빛 먹리 떨어졌다 언짢게 여기지말게

앞 봉우리에 붉게 타는 저녁 노을 구경하려거든

십년 동안 속세에서 무슨 일에 매달렸던고

시내와 산 참으로 삼정승과도 안 바꾼다오

訪水落瀑布

尋芳客子興全融(심방객자흥전융) 路入千巖萬壑中(로입천암만학중)

林外喧豗穿谷水(임외훤회천곡수) 杖頭零亂落花風(장두영란낙화풍)

休嫌絶境春光暮(휴혐절경춘광모) 要看前峯夕照紅(요간전봉석조홍)

十載塵埃何事業(십재진애하사업) 溪山眞不換三公(계산진불환삼공)

옥류동에서 난상인에게 써서 주다

(玉流洞。書與蘭上人。)

爾是入山雲(이시입산운) 자네는 산에 든 구름이니

我爲脫籠鶴(아위탈롱학) 나는 새장 벗어난 학 되려네

雲鶴兩相逢(운학양상봉) 구름과 학 둘이 만나니

林深水激石(임심수격석) 깊은 숲에 물 돌에 부딪네

역시 영의정을 역임했던 동생 김수항(金壽恒, 1629~1689)과의 일화 한 토막 소개한다. 김수항이 홍문관 부제학 시절 돌연 사의를 표명한다. 그 사유가 바로 형 김수흥 때문이었다. 당시 수흥이 홍문과 교리로 제수 받은 탓이었다.

부제학은 정 3품의 당상관이었고 교리는 정 5품의 직이었으니 동생으로서 형의 상급 직위에 앉아 있을 수 없다는 게 그 요체였다. 이는 수흥이 1655년에 문과 급제한 반면 수항은 1651년에 문과에 장원 급제한 데에 따르다. 여하튼 수흥이 뒤늦게 관에 드나 영의정은 수흥이 1674년에 그리고 동생이 1680년에 역임하니 뒤늦으나마 위계질서가 잡히게 된다.

옥류동에서 이희조에 차운하여

(玉流洞次同甫韻)

하나

바위 산 우뚝하여 물은 감아 돌고

솔과 삼나무 무성하여 바위 벼랑 펼쳐졌네

만경은 신선과 연분 없다 마오

이 몸 지금 작은 봉래산에 들어간다네

一

巖巒矗矗水縈廻(암만촉촉수영회) 松檜陰陰石壁開(송회음음석벽개)

莫道曼卿仙分薄(막도만경선분박) 此身今入小蓬萊(차신금입소봉래)

둘

백발로 은거하며 청산 바라보니

가는 비 사이로 봄 시들어졌네

이날 우연히 신선 세계 속에 드니

꽃 떨어지고 물 흘러 함께 한가하네

二

白頭高臥看青山(백두고와간청산) 春事闌珊煙雨間(춘사난산연우간)

此日偶然仙洞裏(차일우연선동리) 落花流水與俱閑(낙화유수여구한)

제자 한태동(韓泰東, 1646~1687)

집의, 부수찬, 사간 등을 역임했다.

호곡 남상서의 작은 정자가 옥류동에 있는데, 승경의 맛을 내게 자랑하였다. 정묘년(1687년) 5월에 양산에 가서 장인 상을 치르고 돌아오

---

**曼卿(만경)** : 석만경으로 송나라의 시인인 석연년(石延年)의 자이다. 그는 술을 몹시 좋아하여 주량이 대단하였는데, 작은 봉록을 가지고는 술을 실컷 마실 수가 없었으므로 늘 한탄하였다.

**蓬萊(봉래)** : 신선이 산다는 전설속의 산

는 길에 찾아보았는데, 샘과 돌이 자못 풍취가 있었다. 정자 아래 폭포 여러 장 이르고 길게 둘리어 아래로 뻗어 나갔는데, 옥소리처럼 맑아 감상할만하였다. 옷 벗고 맨발로 석양에 편하게 앉으니 심각한 흉금이 시원하고 화창해져 마침내 시 한편 지어 기록한다.

(壺谷南尚書小構在玉流洞。嘗詑余以勝矣。丁卯伍月。往楊山送婦翁葬。來路歷叩。則泉石頗有趣。亭下瀑布累丈。邐迤而下。鏘鳴洞澈可玩。解衣赤足。盤礴移晷。甚覺胷襟爽暢。遂以一律記之)

記與壺翁語(기여호옹어) 호옹이 하셨던 말 기억해보니

聞成玉洞栖(문성옥동서) 옥류동에 거처 이루었다 들었네

選奇應爲瀑(선기응위폭) 기이함 가리니 당연히 폭포고

探勝偶尋蹊(탐승우심혜) 명승 찾다 우연히 지름길 찾았네

散沫驚跳雹(산말경도박) 흩어진 물방울 우박에 놀라 달아나고

奔流訝飮蜺(분류아음예) 치닫는 물줄기 무지개 마신 듯하네

獨憐殊進止(독련수진지) 진퇴 다르니 유독 애처로워

此日阻攀携(차일조반휴) 이날 손잡고 오르지 못하였네

1687년 5월이면 남용익이 예조판서로 양관 대제학을 겸하고 있던 때로서 그야말로 눈코 뜰 사이 없이 바쁜 시절이었다. 한태동이 일전에 스승인 남용익으로부터 옥류폭포의 승경에 대해 말을 듣고 잠시 옥류동에 들른 모양이다. 그런데 경치 뛰어난 그곳에 남용익은 없으니 심사가 편할 턱이 없다.

비 내리는 봄날, 장암역에서 바라본 수락산 전경

# 석천동 주인 박세당

◎

## 박세당, 석천동에 터 잡다

박세당(朴世堂, 1629~1703)은 본관은 반남(潘南), 자는 계긍(季肯), 호는 잠수(潛叟)·서계초수(西溪樵叟)·서계(西溪)다. 아버지의 부임지인 전라도 남원부 관아에서 태어났다.

네 살 때 아버지가 죽고 편모 밑에서 원주·안동·청주·천안 등지를 전전하였다. 이후 1660년(현종 1)에 증광문과에 장원하고 성균관전적에 제수되었고 예조좌랑, 병조정랑, 함경북도병마평사(兵馬評事) 등 내외직을 역임하였다.

1668년 서장관으로 청나라를 다녀왔지만 당쟁에 혐오를 느낀 나머지 관료 생활을 포기하고 양주 석천동으로 물러났다. 한때 통진 현감이 되어 흉년으로 고통 받는 백성들을 구휼하는 데 힘쓰기도 하였다.

그러나 당쟁의 소용돌이 속에서 맏아들 태유(泰維)와 둘째 아들 태보(泰輔)를 잃자 여러 차례에 걸친 출사 권유에도 불구하고 석천동에서 농사지으며 학문 연구와 제자 양성에만 힘썼다.

저서로는 '서계선생집', '사변록' 등이 편저로는 농서인 '색경'이 전한다. 시호는 문절(文節)이다.

석천동은 수락산의 서쪽, 지금의 의정부시 장암동 일대를 지칭한다. 이곳이 지명이었던 석천을 포함하여 세상에 널리 알려지기 시작한 건 그곳에 뿌리 내리고 또 지금까지 그곳에 영면해있는 박세당에 의해 비롯된다.

당대의 석학이었던 박세당이 젊은 나이에 관직을 팽개치고 그곳에 터를 잡자 그의 처남인 남구만을 비롯하여 그를 추종하는 많은 인사들이 수시로 방문하여 세월을 낚는다. 하여 박세당을 중심으로 석천동에서 놀았던 사람들의 이야기 속으로 들어가보도록 하자.

은거하여

동쪽 산 서쪽 산에 흰 구름 일어나고
가운데는 한 줄기 맑은 시냇물 흐르네
시냇물 수십 리 흘러 강으로 들어가고
양쪽 언덕 집집마다 복숭아와 자두 심었네
선생이 시냇가 언덕 위에 은거하여
발 걷고 시내 건너 서쪽 산 바라보네

시내 너머 산 바라보니 흡족하지 않아

지팡이 짚고 시냇물 사이 오고 가네

이곳에선 속된 사람 만나는 일 없으니

오직 늙은이와 밭일하다 저물녘에 돌아오네

隱居(은거)

東山西山白雲起(동산서산백운기) 中間一道淸溪水(중간일도청계수)

溪流入江數十里(계류입강수십리) 兩岸家家種桃李(양안가가종도리)

先生隱居溪岸上(선생은거계안상) 開簾隔溪望西山(개렴격계망서산)

隔溪看山長不足(격계간산장부족) 拄杖往來溪水間(주장왕래계수간)

此地逢人無俗客(차지봉인무속객) 唯共田翁至暮還(유공전옹지모환)

상기 시에 등장하는 서쪽 산은 도봉산이요 동쪽 산은 수락산이다. 아울러 가운데 한 줄기 맑은 시내는 물론 중랑천을 지칭한다. 서계 고택의 서재에 들어 발을 걷고 도봉산을 바라보면, 그야말로 장관이다. 그런데 서계는 그도 성에 차지 않아 기어코 중랑천으로 발걸음을 마다하지 않는다.

박세당과 수락산 인연은 그의 아버지인 박정(朴炡)으로 거슬러 올라간다. 1623년 인조반정이 일어나자 박세당의 할아버지 박동선(朴東善)이 의거 소식을 듣고 하인들을 거느리고 광주(廣州)에서 한양으로 들어와 아들 박정과 홍제원에서 회동하여 모의에 참여한다.

이 일로 박동선은 대사간의 관직을 제수받지만 공신에 녹훈되지는 않는다. 다만 아들인 박정이 정사공신(3등)에 책훈되어 출세를 보장받고 당시 양주 장자곡(長者谷) 혹은 장자동(長者洞)에 60결(結)에 달하는 토지를 하사받는다. 이로써 박세당 가문과 수락산의 인연은 시작된다.

그리고 1668년 1월의 일이다. 박세당이 이조좌랑에 임명되었으나 취임하지 않고 있다가 동지사의 서장관으로 청나라를 다녀온 후 당쟁에 심한 혐오감을 느끼게 된다. 하여 옥당(玉堂, 홍문관)의 교리로 재직하던 박세당은 일부러 문신월과(文臣月課, 문신들에게 매월 시와 부를 지어 바치게 한 제도로 정식적인 과거 시험은 아니었지만 문신들에게 학문을 권장하기 위하여 실시하였다)에 세 번이나 제술하지 않아 파직을 자처했다.

박세당은 곧바로 관료생활을 접고 지금의 장암동으로 물러났다. 이어 그곳에 터를 잡은 박세당은 고을 이름을 석천(石泉)으로 명명한다.

**새 집**

다섯 칸 새집 시일 걸려 이루어지니
숲 제비와 산새 함께 준공하였네
우뚝 선 봉우리들 집 둘러싼 그림이요
평상에 퍼지는 거문고 소리 샘물 울리네
문 앞 못에 고기 구하여 기를 만하고
울타리 아래 밭은 소 빌려 갈 만하네
세상 일 많지 않고 그윽한 정취 족하니
남들이 웃건 말건 졸렬한 삶 살리라

장암동 소재 박세당 고택으로 경기도 문화재자료 제93호로 지정되어 있다.

新屋

伍間新屋經時就(오간신옥경시취) 林燕山禽共落成(임연산금공락성)

擁戶畵圖千嶂立(옹호화도천장립) 繞床琴筑一泉鳴(요상금축일천명)

門前池可求魚養(문전지가구어양) 籬下田堪借犢耕(이하전감차독경)

世事不豐幽意足(세사불풍유의족) 從他人笑拙謀生(종타인소졸모생)

서계 고택의 원형이 적나라하게 그려진다. 다섯 칸 집과 문 앞의 연못 그리고 울타리 아래 밭. 소박하기 그지없는 그의 심성이 그대로 현실로 나타난다. 사대부라면 앞 다투어 구십 구 칸짜리 집을 지어 자신의 권세를 드러내려 안간힘을 쓰던 그 시절에 말 그대로 졸렬한 삶을 선택한다.

시골에 살며

남북으로 이웃집엔 꽃들 이어져 피었고

동쪽 채마밭 오이 서쪽 채마밭 오이와 연하였네

사람 전송하는 산 그림자 시냇길에 맴돌고

흰 구름 깊은 곳에 신선 사는 곳 있다네

村居

南隣花接北隣花(남린화접북린화) 東圃瓜連西圃瓜(동포과련서포과)

장암 방면에서 바라본 수락산 정상 부분

峯影送人溪路轉(봉영송인계로전) 白雲深處有仙家(백운심처유선가)

박세당은 엄연한 양반이었지만 직접 농사짓기를 마다하지 않았다. 특히 농사철에는 농부들과 함께 어울려 하루 종일 밭에서 지내곤 했다. 아울러 박세당은 자신의 농사 경험을 바탕으로 '색경(穡經)'이라는 서책까지 저술했다. 농사에 관한 경서라는 뜻의 색경은 지방의 농경법을 연구하여 꾸민 농법기술서로서 서문과 상 · 하 2권으로 구성되어 있다. 이를 살피면 박세당 역시 실학의 선두 주자 반열에 올려야 할 듯하다.

수락산을 바라보며

몇 봉우리 저 멀리 구름 사이로 들어가
푸른 산 사이 두고 운모 가볍게 반짝이네
노년에 양 눈 온통 희미하니 스스로 웃고
이 무슨 산인지 사람 시켜 물어야겠네

望水落山

數峯迢遞入雲間(수봉초체입운간) 雲母輕明隔翠鬟(운모경명격취환)
自笑老年全眼錯(자소노년전안착) 倩人要問是何山(청인요문시하산)

앞의 시를 살피면 한편 흥미롭기까지 하다. 마치 서계가 처음 수락산을 대하듯 표현했다. 그런데 앞의 시는 공교롭게도 그의 나이 60세 때인 1688년에 지었다 기록되어 있다. 그러니 의아한 생각이 들지 않을 수 없다. 하여 그 사유를 살펴보자.

그 해 박세당은 형의 아들인 박태상(朴泰尙)이 관찰사로 있는 함경도 감영을 찾았다. 할아버지인 박동선과 아버지 박정의 시호가 그곳에 내려졌기 때문이다. 하여 그곳에 갔다가 내친 김에 금강산도 구경하고 돌아오면서 지은 시다. 아마도 오랜 기간 수락산을 떠나 있던 그 마음을 이리 표현 한 듯 싶다.

**여러 사람과 수락산에 오르다 3수**

하나

양 무릎 앞으로 하고 두 손으로 벼랑 기어
고생 끝에 해 기울어서 정상에 이르렀네
서로 뒤엉켜 있는 구름바다 돌아보고
이어져 늘어선 봉우리 손으로 가리키네
가슴속 답답함 사라짐 절로 느끼니
하늘 밖에 연줄 있음 어찌 알겠는가
목 말라오니 다시 부지의 물 마시고
왕교 불러다 열선 묻노라

둘

십 년간 이 봉우리 아래 편히 쉬며
초가집이 옥당보다 낫다 스스로 으쓱거렸네
오늘 문득 높은 정상에 오르고 나니
비로소 천지가 바늘 끝에 모였나 의심했네
숲에 비치는 서리 맞은 잎엔 가을빛 한창이고
떠 있는 바다 구름 햇빛에 아른거리네
흥에 겨워 한때 애오라지 흡족함 취하니
어이하여 돌아갈 길 바쁘다 쉬이 말하리

셋

외로운 봉우리 땅에 솟아 그 형세 우뚝하니
연꽃이 문득 손바닥 위에 핀 듯하네
고결한 선비 지금까지 은거한 자취 남았는데
노니는 사람 신선 누대에 이르는 일 드물다네
아침에 폭포에서 떨어지는 은하수 보고
밤에 오리 그림자 따라 섭현으로 돌아오네
젊은이들은 등산이 응당 싫지 않겠지만
노쇠한 몸 감히 후일에 오길 바라겠는가

## 與諸人登水落山

一

兩手爬崖兩膝前(양수파애양슬전) 日斜辛苦到層顚(일사신고도층전)

回看雲海相呑吐(회간운해상탄토) 却指岑巒互接連(각지잠만호접연)

自覺胸中無芥滯(자각흉중무개체) 豈知天外有攀緣(개지천외유반연)

渴來更酌鳧池水(갈래갱작부지수) 喚取王喬問列仙(환취왕교문열선)

二

十年休老玆峯下(십년휴로자봉하) 自詑茅茨勝玉堂(자이모자승옥당)

今日却登高頂上(금일각등고정상) 始疑天地集針芒(시의천지집침망)

映林霜葉酣秋色(영림상엽감추색) 浮海雲濤盪日光(부해운도탕일광)

乘興一時聊取愜(승흥일시요취협) 何須容易道歸忙(하수용이도귀망)

---

**鳧池(부지)** : 수락산 봉우리 아래에 있는 못 이름인 듯하다.

**王喬(왕교)** : 주(周)나라 영왕(靈王)의 태자 왕자교(王子喬)로, 생황을 불어 봉황의 울음소리를 잘 내었는데, 신선 부구공(浮丘公)을 만나 숭산(嵩山)으로 들어가 도술을 배운 지 30여 년 후 백학(白鶴)을 타고 구씨산(緱氏山) 산마루에 올라가 며칠 있다가 떠나 버렸다고 한다.

**列仙(열선)** : 列仙傳(열선전)으로 선인의 행적을 주요 내용으로 하고 장생불사를 중심 주제로 한, 현존하는 중국 최초의 신선 설화집이자 신선 전기집이다.

**鳧影宵從葉縣回(부영소종섭현회)** : 후한(後漢) 왕교(王喬)가 섭현(葉縣)의 현령으로 있으면서 신발을 오리로 변화시켜서 타고 도성으로 날아서 오갔다 한다.(위의 왕교와는 동명이인임)

三

孤峯拔地勢嵬嵬(고봉발지세외외) 乍似芙蓉掌上開(사사부용장상개)

高士至今留隱跡(고사지금유은적) 游人罕得到仙臺(유인한득도선대)

瀑流朝見銀河落(폭류조견은하락) 鳧影宵從葉縣回(부영소종섭현회)

年少登山應不厭(년소등산응불염) 衰遲敢望異時來(쇠지감망이시래)

앞의 글을 살피면 박세당이 장암에 은거 한 지 10년 되는 1678년 무렵에 지은 듯 보인다. 아울러 세 번 째 수에 등장하는 高士(고결한 선비)는 물론 김시습을 지칭한다. 하여 이하에서는 김시습과의 관계를 살펴본다.

### 박세당과 김시습

김시습에 대한 단적인 표현이 있다. 조선 최상위 석학 중 한 사람인 율곡(栗谷) 이이(李珥)는 '전신정시김시습'(前身定是金時習, 내 전생은 김시습이었다)이라 거침없이 표현했다.

거기에 더하여 '절의를 표방하고 윤기(倫紀, 윤리와 기강)를 붙들었으니, 그 뜻을 궁구해보면 가히 일월(日月)과 그 빛을 다툴 것이며… 백대의 스승이라 하여도 또한 근사할 것이다'라는 극찬을 아끼지 않았다.

김시습은 유교의 이론과 불교의 깨달음 또 도교의 무위자연 사상을 하나로 묶어 치자의 길을 제시한다. 이른바 유불선 삼교 일치를 주창, 임금과 신하와 백성은 하나임을 설파하며 기득권 세력을 비판한다.

비 내리는 봄날 석천동 계곡

바로 이러한 매월당의 사상을 고스란히 받아들이고 실천한 인물이 바로 박세당이다. 박세당은 극심한 당쟁의 소용돌이 중에서 사대부이면서도 당시 금기시되던 불교를 수용하였고 또한 도가 사상에 심취하여 진정한 치자의 길을 제시하고자 했다.

하여 박세당은 아들 박태보와 함께 김시습을 되살리는데 혼신의 힘을 쏟는다. 물론 일련에 치자들에 대한 교훈적 차원임은 불문가지다. 아울러 1686년 급기야 매월당 영당을 건립한다. 매월당을 그리는 작품 두 편 감상하자.

**매월당의 옛 자취를 찾다 3수**

하나

불경을 읽지도 않고 좌선도 하지 않았으니
출가하고도 여전히 집에 있을 때와 같았네
광달한 노래와 통곡은 무리함은 아니지만
외로운 달과 찬 매화는 일찍이 인연 있었네
유적은 지금까지 높고 가파른 산속에 있는데
황폐한 누대 예부터 깎아지른 벼랑 가에 있네
누구에 의지하여 동봉이라는 글자를 기록해
인간사에 남겨 호사가가 전하도록 하겠는가

둘

등나무 덩굴 섬돌 감싸고 풀은 좁은 길 덮으니

늦 가을 깊은 숲 다니는 사람 끊어졌네

바위에 깃든 적막함에 남긴 자취 마주하니

속절없이 천고의 맑음 생각하니 서글프다네

셋

텅 빈 산 지는 해에 나그네 마음 슬픈데

누런 잎 푸른 이끼 옛 누대 덮었다네

덧없는 세상 모든 인연 그대 이미 끝났으니

어찌하여 여기에 이르러 다시 배회하는가

訪梅月堂舊跡

一

不讀梵經不坐禪(불독범경부좌선) 出家因似在家年(출가인사재가년)

狂歌痛哭非無賴(광가통곡비무뢰) 孤月寒梅夙有緣(고월한매숙유연)

遺跡至今危嶂裏(유적지금위장리) 荒臺終古絶崖邊(황대종고절애변)

憑誰記作東峯字(빙수기작동봉자) 留與人間好事傳(유여인간호사전)

二

藤蔓籠階草覆逕(등만롱계초복경) 深林秋晩斷人行(심림추만단인행)

巖栖寂寞對遺跡(암서적막대유적) 怊悵空懷千古淸(초창공회천고청)

三

空山落日客心哀(공산락일객심애) 黃葉蒼苔遍古臺(황엽창태편고대)

浮世萬緣君已了(부세만연군이료) 何須到此更徘徊(하수도차갱배회)

앞의 글을 살피면 당시까지 김시습이 일시적으로 머물렀던 자취가 남아 있던 모양이다. 다만 황폐한 누대만이 깎아지른 벼랑 가에 남아 있어 박세당의 마음을 아리게 만들고 있다.

동봉에서

동봉의 옛 정사 이미 없어졌으니

도인의 풍류 이을 이 그 누구인가

서계 늙은이 시냇가에 살면서

유독 동봉 사랑해 한없이 바라보았네

동봉은 은하수 가 높이 올랐고

도인의 도는 수이보다 뛰어났네

평범한 승려와 선비의 일 좋아하지 않아

도인의 남긴 자취 이제 기억하지 않네

적막하게 빈 벼랑 보며 오래도록 탄식하니

동봉의 달 서계의 물 비추네

東峯

東峯已無舊精舍(동봉이무구정사) 道人風流誰繼者(도인풍류수계자)

西溪老翁住溪畔(서계노옹주계반) 獨愛東峯行坐看(독애동봉행좌간)

東峯高入星漢邊(동봉고입성한변) 道人道超隨夷前(도인도초수이전)

凡僧俗士不好事(범승속사불호사) 道人遺蹤今莫記(도인유종금막기)

寂寞空巖吟久倚(적막공암음구의) 東峯月照西溪水(동봉월조서계수)

앞의 시를 살피면 앞 선 작품과 차이를 드러낸다. 앞선 작품에서는 분명 황폐한 누대가 남아 있다 했다. 그런데 이 작품에서는 동봉의 정사가 없어졌다 했다. 하여 박세당이 새롭게 마음을 다진다. 김시습의 맥을 잇겠다고.

---

**隨夷(수이)** : 수(隨)는 은 나라 탕왕 때의 현자(賢者) 변수(卞隨)로써 탕왕이 천자의 자리를 그에게 양위하려 하였으나 천하는 아무 짝에도 쓸 곳이 없다하며 받지 않았다. 이(夷)는 백이(白夷)로써, 부왕이 고죽국(孤竹國)의 왕 자리를 숙제(叔弟)에게 맞기니 숙제는 형인 백이에게 양보했다. 백이는 부왕의 뜻을 받들지 않았다. 이에 백이와 숙제는 모두 고죽국을 떠나 주 나라로 들어가 주 문왕을 모셨다. 문왕의 아들 무왕이 은의 주왕(紂王)을 치니, 백이와 숙제는 신하로서 임금을 쳐서는 안 된다고 간하고, 주나라의 곡식은 먹지 않겠다고 맹세하며 수양산으로 들어가 고사리를 뜯어먹다가 굶어죽었다.

아울러 유교는 물론 불교 더하여 도가의 사상까지 흡수하겠다고 넌지시 암시한다. 그리고 급기야 박세당은 서계에 김시습을 기리기 위해 영당을 건립한다.

## 박세당의 아들들

### 박태유

박태유(朴泰維, 1648~1696)는 박세당의 큰 아들로 자는 사안(士安), 호는 백석(白石)이다. 1681년(숙종 7) 태릉참봉(泰陵參奉) 시절 알성 문과에 을과로 급제하여 검열(檢閱) · 병조좌랑 등을 거쳐 경기도사, 지평(持平) 등을 역임하였다. 부전자전이라고 직을 수행함에 있어 지나칠 정도로 청렴하게 일처리하여 상사로부터 또 그들을 비호하는 임금의 눈 밖에 나기 일쑤였다.

하여 잦은 좌천을 거듭하다가 고산(高山)에서 급기야 병에 걸리고 사망하기에 이른다. 효성이 지극하고 명필로 이름이 높았다. 글씨로는 철원의 김응하묘비(金應河墓碑) · 영상신경신비(領相申景愼碑) · 해백박동열비(海伯朴東說碑) · 길목박동망갈(吉牧朴東望碣) 등이 남아있다.

박태유가 수락산과 관련하여 남긴 작품은 보이지 않는다. 그러나 그가 사망하자 최석정과 이세구가 수락산을 찾아 곡하고 글을 남긴다. 최석정과 이세구는 남학명 편에서 소개하고 작품만 감상해본다.

수옹(이세구)과 석천유거를 방문하여 사안을 곡하고 선방에서 묵었다. 김시습 사당이 곁에 있다. 사안의 호는 백석이다.

(與壽翁訪石泉幽居。哭士安。仍宿禪房。淸寒子祠宇在傍。士安號白石。)

최석정

路入石泉社(로입석천사) 길 초입에 석천사

林深梅月祠(임심매월사) 숲 깊이 매월당 사당

秋花幾叢艶(추화기총염) 가을 꽃 몇 떨기 아름답고

寒磬數聲遲(한경수성지) 풍경 두어 소리 더디 울리네

尙子尋眞意(상자심진의) 상자는 참 의미 찾으려

山陽感舊悲(산양감구비) 산양에서 감회에 젖으니

禪房聊借榻(선방요차탑) 선방에서 다만 상 빌려

相視話襟期(상시화금기) 마주보고 가슴속 회포 나누네

여화(최석정)와 석천유거를 방문하다. 박세당이 거주하는 곳이다. 사안을 곡하고 선방에 묵었다. 김시습 사당이 곁에 있다. 차운하다.

(同汝和訪石泉幽居。朴公世堂所居。哭士安。仍宿禪房 淸寒子祠宇在菴傍。次韻。)

---

尙子(상자), 山陽(산양) : 진(晉)나라 상수(向秀)가 혜강(嵇康)과 산양(山陽) 땅에서 절친하게 지냈는데, 혜강이 죽은 뒤에 그곳을 지나다가 이웃집에서 들려오는 피리 소리를 듣고는 옛 추억을 생각하며 〈사구부(思舊賦)〉를 지었던 고사가 전한다.

이세구

晩歲林間老(만세임간로) 만년에 자연에서 생을 마치니
淸風山上祠(청풍산상사) 산위 사당에 맑은 바람 불고
川流偏決決(천류편결결) 시내 콸콸 소리 내어 흐르며
松籟更遲遲(송뢰갱지지) 솔 바람 불다 말다 하네
才子不重見(재자부중견) 뛰어난 사람 다시 볼 수 없으니
遊人空自悲(유인공자비) 나그네 부질없이 슬퍼하여
蒲團借宿穩(포단차숙은) 부들 방석 빌려 편안하게 묵으며
留結九秋期(유결구추기) 가을 90일 머물려 기약하네

박태보

박태보(朴泰輔, 1654~1689)는 박세당의 둘째 아들로 자는 사원(士元), 호는 정재(定齋)다. 1677년(숙종 3) 알성 문과에 장원한 이후 예조좌랑, 이천현감, 이조좌랑, 호남의 암행어사 등을 역임하였다. 항상 공정함을 강조한 그는 조금이라도 비리를 보면 과감히 나섰으며 의리를 위해서는 죽음도 서슴지 않았다.

결국 그의 성정으로 인해 1689년 기사환국 때 인현왕후(仁顯王后)의 폐위를 강력히 반대해 주동적으로 소를 올렸다 심한 고문을 받고 진도로 유배 도중 옥독(獄毒)으로 노량진에서 죽었다.

그가 죽은 뒤 숙종은 곧 후회했고, 충절을 기리는 정려문을 세웠다. 영의

박태보의 학문과 덕행을 추모하기 위해 세운 노강서원(鷺江書院)으로, 숙종 21년(1695) 노량진에 세웠으나 한국전쟁으로 소실되어 1968년 현 위치에 복원하였다.

정에 추증되고 풍계사(豐溪祠)에 제향되었다. 저서로 '정재집'이 있다. 시호는 문열(文烈)이다. 아쉽게도 수락산과 관련하여 남긴 시는 한 편밖에 보이지 않는다.

수락산 중턱을 지나며, 1675년

(踰水落山腰 乙卯)

溪路幾回轉(계로기회전) 시냇길 여러번 회전하니

中峯處處看(중봉처처간) 가운데 봉우리 곳곳에서 보이네

苔巖秋色淨(태암추색정) 이끼 낀 바위 가을 빛 맑고

松籟暮聲寒(송뢰모성한) 저물녘 솔 바람 소리 차네

隱日行林好(은일행림호) 해 숨어 숲길 가기 좋지만

迷烟出谷難(미연출곡난) 안개 짙어 골 나서기 어렵네

逢人問前路(봉인문전로) 사람 만나 앞 길 물으니

遙指赤雲端(요지적운단) 멀리 붉은 구름 끝 가리키네

앞 내용에 中峯(중봉)이 등장한다. 앞서 수락산 사진을 살피며 수락산 주봉인 동봉에 대해 노원 지역 아울러 남양주 일부에서도 그 모습을 보기 힘들다 했다. 그 사유는 동봉이 동쪽으로 너무 치우쳐 있기 때문인데, 그래서 멀리서 바라보는 사람들은 박태보가 바라본 중봉을 수락산 주봉으로 오해하고는 한다.

석림사 전경

### 박세당의 흔적들

#### 석림사(石林寺)

석림사는 박세당의 주도로 1671년(조선 현종 12) 석현(錫賢)과 그의 제자 치흠(致欽)이 창건하였다. 창건 당시에는 석림암이라 불렀는데 '석림암기'와 '석림암 상량문' 역시 박세당이 짓는다.

#### 박세당과 석림사 스님들과의 교류

석림사를 스쳐 지나는 거의 모든 스님들이 박세당에게 시를 지어 달라 간청한다. 이에 박세당이 기꺼이 시를 지어주는 바 너무나 많은 관계로 두 편만 소개한다.

석림암의 중 묘찰이 누차 조르기에 이 시를 지어 주다
(石林僧妙察。屢求詩。題此爲贈)

絶粒功未熟(절립공미숙) 곡기 끊으니 일에 미숙하고
捆屨遇飢年(곤구우기년) 신 삼으니 흉년 만났네

---

**捆屨遇飢年(곤구우기년)** : 《맹자》〈등문공 상(滕文公上)〉에 허행(許行)의 무리들이 신을 삼고 자리를 짜서 생계를 꾸려 나가는 이야기가 나온다. 곧 신을 삼는다는 것은 자신의 본업에 전념하는 것을 의미하는데, 여기서는 산승 묘찰(妙察)이 운수행각(雲水行脚)을 하며 수행하는 것을 비유한 말이다. 즉 신을 삼아 길을 떠나려 해도 흉년이 든 해라 볏짚이 없어 미투리를 삼을 수 없다는 뜻이다.

**蔡倫(채륜) 이하** : 석림암에서 종이를 만들어 그 종이를 가지고 서계에게 시를 써 달라고 채근했다는 의미다.

聊學蔡倫技(요학채륜기) 다만 채륜의 기술 배워
故黏文字緣(고점문자연) 짐짓 문자의 인연 붙이네

## 혜평 장로가 혼자만 시를 받지 못했다고 서운해 하기에 바로 율시 한 편을 주다

30년 전 와서 머물러 있으니
전생 인연 이 산에 많은 거라네
가고 머묾이 본디 참된 본성 흐리지 못하니
번잡함과 적막함 어찌 도인 풍모 방해하랴
공계는 본디 속세와 다르지만
쌍림은 응당 석림과 같으리
봄 꽃과 가을 낙엽 계절 따라 좋으니
청아한 완상에 곡구옹 부른다네

## 惠平長老以獨不得贈篇爲歉。輒以一律贈焉

三十年前來掛錫(삼십년전래괘석) 前緣多在此山中(전연다재차산중)
去留初不迷眞性(거류초불미진성) 喧寂曾何礙道風(훤적증하애도풍)
空界自將塵界異(공계자장진계이) 雙林應與石林同(쌍림응여석림동)
早花晩葉隨時好(조화만엽수시호) 淸賞能招谷口翁(청상능초곡구옹)

## 동자인 윤흥무와 조카 그리고 아들과 함께 석림사에 머물다

(携尹童子興茂，文姪，趾兒。棲石林寺)

조태억(趙泰億, 1675~1728)

眠食秋來穩(면식추래온) 가을 되어 먹고 자기 편안하니

工夫靜處宜(공부정처의) 고요한 곳에서 공부 당연하네

幸携同志士(행휴동지사) 뜻있는 선비들과 함께하니 행복하고

---

**空界(공계)** : 불교를 말한다.

**雙林(쌍림)** : 부처님이 열반할 때 사방에 한 쌍씩 서 있던 사라쌍수(沙羅雙樹)로 절을 뜻한다.

**谷口翁(곡구옹)** : 한(漢)나라 성제(成帝) 때 대장군 왕봉(王鳳)의 초빙에도 응하지 않은 채 곡구(谷口)에 집을 짓고 살면서 곡구자진(谷口子眞)이라고 호를 붙인 정박(鄭樸)으로 박세당 자신을 가리킨다.

**抗顔師(항안사)** : 당(唐)나라 유종원(柳宗元)의 〈답위중립논사도서(答韋中立論師道書)〉에, 괜히 스승으로 자처하여 세상의 비난을 사려고 하지 않는 때에 유독 한유(韓愈)가 과감하게 나서서 사설(師說)을 짓고 안색을 엄하게 하며 스승으로 나섰다는 '항안위사(抗顔爲師)'의 내용이 나온다.

**鵠鸞(곡난)** : 타인의 자제를 일컫는 미칭(美稱)이다. 한유의 〈전중소감마군묘명(殿中少監馬君墓銘)〉에 '내가 물러 나와 소부를 보건대, 푸른 대와 벽오동에 난새와 고니가 우뚝 멈춰 서 있는 것 같았으니, 그는 부조(父祖)의 업(業)을 제대로 지킬 만한 사람이었다.'라는 말이 나온다. * 원문에는 鸞이 비어 있다.

**龍豬戒(용저계)** : 한유가 아들에게 학문을 권면한 시 부독서성남(符讀書城南)에 나오는 내용을 인용한 것이다. 한유는 두 집에서 각각 아들을 낳으면 어린 아이 때는 거의 똑같지만, 점점 자라면서 차이가 드러나다가 서른이 되면 뼈대가 굵어져 하나는 용, 하나는 돼지가 되는데, 그것이 모두 독서의 힘이라고 하였다.

深愧抗顔師(심괴항안사)　안색 엄한 스승으로 나서니 심히 부끄럽네

鵠鸞規兄子(곡난규형자)　고니와 난새 형님 아들 규제하고

龍豬戒我兒(용저계아아)　용과 돼지 내 아이 경계하네

及時當努力(급시당노력)　때맞추어 마땅히 노력해야 하리

歲月易相欺(세월이상기)　세월 쉬이 서로 속이니까

조태억은 박세당의 제자로 대사성, 대제학, 공조판서, 예조판서, 호조판서, 우의정, 좌의정 등을 역임하였다. 그는 글씨와 그림에도 탁월한 재능을 보였는데 1711년(숙종 37년) 통신사로 일본에 파견 되었을 때 그린 기마도(騎馬圖)가 한림대학교 박물관에 보관되어 있다.

조태억이 사망하자 영조는 비망기(備忘記, 어떤 사실들을 잊어버리지 않으려고 적은 글)를 내린다. 그 내용이다.

『몹시 슬픈 것이 더욱 절실하여 스스로 억누를 수 없는데, 내 병이 아직 쾌히 낫지 않아서 거애(擧哀, 곡하며 읍하는 예)하는 일을 예절대로 하지 못하니, 더욱이 매우 상심된다. 예장(禮葬) 등의 일을 규례대로 거행하고 관판(棺板, 관 만드는 널빤지)도 가려 보내며 녹봉은 3년 동안 그대로 이어서 주어 내 뜻을 보이라.』

석림사에 묵으며

김광익(金光益)

별은 나뭇 끝에 걸렸고 이슬 맑은데
가을 구름 외로이 시냇가에 일어나네
속세 생활 10년의 지루한 꿈
처마 끝 경쇠 소리에 깬다네

宿石林寺

星挂林梢露氣淸(성괘림초로기청) 秋雲寂寂磵邊生(추운적적간변생)
紅塵十載支離夢(홍진십재지리몽) 覺罷簷端數磬聲(각파첨단수경성)

김광익은 생몰년 미상이다. 대표적 위항 시인(조선 후기 중인, 서리 출신의 시인)으로 평이한 시어로 생활주변에서의 일상에 대한 감상을 표현하였으며 그의 작품은 자연 속에서 세속을 멀리한 채 유유자족하며 여생을 보내겠다는 내용이 주를 이룬다. 아들 재명이 1873년에 간행한 《반포유고》가 있으며, 국립중앙도서관에 소장되어 있다.

석림사에서 일찍 일어나서
(石林寺早起)

범경문(范慶文, 1738~1800)

蒲團方曙色(포단방서색) 방석에 앉아 새벽 빛 마주하니

風鐸動虛欞(풍탁동허령) 풍경 소리에 빈 창문 움직이네

亂石多年白(난석다년백) 어지러운 바위 오랫동안 하얗고

危峰一帶靑(위봉일대청) 위태로운 봉우리 모두 파랗다네

水喧兼雨落(수훤겸우락) 비 내리니 물소리 시끄럽고

松潤以雲停(송윤이운정) 구름 머물어 소나무 적시네

三復定齋筆(삼복정재필) 정재의 글 반복해서 읽으니

高風後輩聽(고풍후배청) 높은 품격 후배에게 들리누나

범경문의 가계와 생애는 전하지 않는다. 음주를 좋아하고 성격이 호방하여 당시 이름 있는 시인들과 수창(酬唱, 시가를 서로 불러 주고 받음)하였으므로, 그가 남긴 시 작품의 다수가 수창시이다.

상기 시에 등장하는 定齋(정재)는 박세당의 아들 박태보를 지칭한다. 최석정의 아들 최창대(崔昌大, 1669~1720)에 의하면 동봉사우를 봉안할 때 박태보가 축문을 읽었고 당시 모든 집사들의 성명을 적었는데 석림사 심원록에 남아 있다고 한다. 이를 살피면 박태보의 다른 작품들이 그 당시까지도 석림사에 남아 있던 것으로 풀이된다.

상기 작품에서 저자는 亂石(난석)을 언급했다. 물론 난석은 어지럽게 보이는 바위들을 의미하는데, 수락산 암석들 특히 계곡과 계곡에 연한 바위들을 살피면 흡사 포탄을 맞아 파괴된 것처럼 정말 어지럽다.

또한 危峰(위봉)을 언급했는데 수락산 봉우리들을 자세하게 살피면 금방이라도 무너져 내릴 정도로 위태롭다. 어떻게 살피면 무너지지 않고 있는 것이 이상할 정도다.

### 석림사에서 놀며

성근묵(成近默, 1784~1852)

명산 있는데 어찌 먼 곳에서 놀 필요 있는가

자연에 묻힌 그윽한 사람 이르는 곳 한가하네

매월당과 서계의 나무꾼 한번 떠난 후

어느 사람이 이 중간에 합당하겠는가

遊石林寺

遠遊何必在名山(원유하필재명산) 天放幽人到處閒(천방유인도처한)

梅月溪樵一去後(매월계초일거후) 何人合着這中間(하인합착저중간)

성근묵은 성혼(成渾)의 후손으로 양근(양평)군수, 사헌부장령, 형조참의 등을 역임하였다. 그는 청렴결백으로 유명했고 하여 헌종(憲宗)은 그에게 보좌를 명하는 글을 전한다.

---

**天放(천방)** : 자유방임(自由放任), 즉 남의 간섭을 받지 않고 자연 속에서 자유자재로 즐겁게 살아가는 것을 말한다.

**溪樵(계초)** : 서계초수(西溪樵叟)의 약자로 박세당을 지칭함

**中間(중간)** : 속인이 사는 세상과 신선이 노니는 세계의 중간

실록 헌종 7년(1841) 1월 12일 기록이다.

『그대가 경연(經筵)에 뽑힌 지 이제 이미 오래 되었고, 내가 부지런히 예를 다해 부른 것도 이미 여러 번이었는데, 정성과 예우가 미진하여 멀리 은둔하려는 뜻을 돌이키지 못하였으니, 원망스럽고 부끄러운 나머지 매우 슬프다.

그대는 어느 집 사람인가? 대대로 시례(詩禮, 사대부)를 일삼고 늘 경전(經傳)을 가까이 하여 사림(士林)에서 본받고 조야(朝野)에서 기대하니, 나도 어찌 목마를 때에 마시기를 바라듯이 반드시 오게 하고야 말지 않을 수 있겠는가?

내가 덕이 없는 몸으로 새로 만기를 총괄하게 되었으니, 이러한 때에 보도하고 계옥하는 직임에 그대처럼 숙덕(宿德)한 선비를 얻지 못한다면, 장차 어떻게 전학(典學)의 공부를 성취할 것이며, 하고자 하는 정치를 이룰 수 있겠는가?

생각해 보건대, 우리 목릉(穆陵, 조선 제14대 왕인 선조)의 성시(盛時)에 그대 집안의 선정(先正)이 진실로 보필한 공로가 지금까지도 사람들의 눈과 귀에 드러나 있는데, 이것이 어찌 스스로 자신을 수양하고 굳게 사림(士林)을 지키며 나오지 않는 것을 고상하게 여긴 것이겠는가?

내가 그대에게 바라는 것은 선정이 목릉을 섬긴 도리이다. 더구나 이제 새해 정월에 강연을 열고 하늘에 계신 이를 대하는 아름다운 때에 내가 스스로 힘쓰려 하니, 이러한 때에 어진 이를 기다리는 마음이 가슴속에 갑절이나 더 절실하다.

그대는 은둔하려는 뜻을 힘써 돌이키고, 어진 이를 머물게 하려는 정성에 부응하여 위로는 나의 미치지 못하는 것을 돕고, 아래로는 선대의 아름다움을 이어받아 나의 간절한 희망을 저버리지 말도록 하라.』

세도정치가 성행하던 난국에 나이 어린 헌종(당시 15세)이 기댈 곳은 성근묵처럼 청렴한 인사였음을 어렵지 않게 알 수 있다. 비록 나이는 어리지만 인사에 대한 혜안이 엿보인다.

청풍정에서

범경문

한 칸 정자 오래되고 높이 솟았는데
깊은 못 어지러이 돌아 흐르네
매월당은 석림 경치 좋은 곳에서
맑은 바람에 명예와 절조 함께 하네

清風亭

一間亭古高聳(일간정고고용) 百丈潭回亂流(백장담회난류)
梅月石林勝地(매월석림승지) 淸風名節同區(청풍명절동구)

청풍정은 노강서원 앞에 있는 정자로 현재는 주춧돌만 남아 있다. 박세당이 김시습을 추모하기 위해 영당을 짓고 그 앞에 세운 정자로 제자들과 학문을 강론하던 곳이다.

석림사에서 놀다 매월당의 청절원을 지나 청풍정에 올라 간결하게 짓다

김광익

분명 절의라 세상 사람 똑같이 일컫지만
매월당은 긴 세월 흘러도 그 빛 모두 맑고
석림 깊은 곳에 맑은 바람 일어나니
새 지저귀며 날아가 노승에게 꽃 준다네

游石林寺。過梅月堂清節院。登清風亭口號

分明節義世同稱(분명절의세동칭) 梅月千秋色共澄(매월천추색공징)
石林深處清風起(석림심처청풍기) 啼鳥飛花付老僧(제조비화부노승)

청풍정에서, 정자는 청절사 앞 문 밖에 있다. 사당은 동봉 아래 있다

성근묵

옛 사당 바람소리 백세에 맑지만
동봉은 중향성이 아니라네
영혼은 물처럼 구하여 여기 있으니
바른 기운 모여 죽어도 살아있다네

세상에 고루한 선비 태평성대 만났으니

연하 지나는 나그네 새로이 빛 맑아졌네

산 굽이에 잡초 우거져 하찮은 감흥 많은데

완부와 나부가 어찌 명성만 좇음을 알겠는가

淸風亭, 亭在淸節祠前門外, 祠在東峯下

古廟風聲百世淸(고묘풍성백세청) 東峯不是衆香城(동봉불시중향성)

英靈如水求斯在(영령여수구사재) 正氣攸鍾死亦生(정기유종사역생)

天地腐儒逢盛代(천지부유봉성대) 烟霞過客屬新晴(연하과객촉신청)

山阿蕪沒空多感(산아무몰공다감) 頑懦何知但慕名(완나하지단모명)

석림사를 지나며 청풍정에서 잠시 쉬며 짓는다. 정자는 청절사 옆에 있는데, 사당과 정자는 청한자 김시습을 기리기 위한 장소다

(過石林寺。少憩淸風亭作。亭在淸節祠傍。祠享淸寒子金公時習)

이서구(李書九, 1754~1825)

岧嶤東峰下(초요동봉하) 높고 높은 동봉 아래

---

衆香城(중향성) : 온갖 꽃이 활짝 피어 있는 곳을 비유하는데 금강산의 이칭이다.

烟霞(연하) : 연기와 안개로 속세의 티끌을 의미한다.

頑懦(완나) : 완부(頑夫, 완고한 사내)와 나부(懦夫, 겁 많은 사내)

巖谷窈而深(암곡요이심) 바위 골짝 고요하고 깊네

淸寒曾遯世(청한증돈세) 청한자 일찌감치 세상 피했지만

遺像傳至今(유상전지금) 초상은 지금에 전하고

披緇托遐蹤(피치탁하종) 중이 되어 자취 멀리하였지만

留髥見夙心(유염견숙심) 남아있는 수염 숙고하는 마음 엿보네

佯狂雖自晦(양광수자회) 비록 미친 체하여 재능 감추었으나

苦節亮所欽(고절량소흠) 굳은 절개 밝아 공경 받았다네

悲哉來薇歌(비재래미가) 슬프구나 들려오는 채미가

千載有餘音(천재유여음) 천세에 그 소리 남아있다네

童年感遭逢(동년감조봉) 어린 나이에 성군 만나 감격했지만

名義尙不侵(명의상불침) 명분과 의리 오히려 침범치 않았네

況彼食祿人(황피식녹인) 하물며 저 녹봉으로 사는 사람들

得無愧紳簪(득무괴신잠) 벼슬아치들 부끄럼 없게 되었네

荒祠隣梵宇(황사린범우) 황폐한 사당 절과 이웃하였는데

偶此成幽尋(우차성유심) 우연히 여기서 그윽함 찾았네

霜樹雜丹靑(상수잡단청) 서리 내린 나무 단청과 섞였고

石泉鳴璆琳(석천명구림) 석천은 옥 구슬 울리누나

---

**淸寒(청한)** : 청한자(淸寒子)로 김시습의 호다.

**薇歌(미가)** : 백이와 숙제가 수양산에 은둔하여 고사리를 캐 먹을 당시 지었다고 하는 채미가(採薇歌)를 말한다.

**童年感遭逢(동년감조봉)** : 다섯 살에 세종에게 인정받은 일을 의미한다.

**璆琳(구림)** : 아름다운 옥(玉)의 이름이다.

秋光共皎潔(추광공요결) 가을 빛 밝고 깨끗하니

聊爲一沉吟(요위일침음) 애오라지 한번 중얼거려 보네

이서구는 한성부판윤, 평안도관찰사, 형조판서, 판중추부사 등을 역임했다. 그는 실학사대가(實學四大家) 혹은 사가시인(四家詩人)으로 더욱 유명한데 이덕무 · 박제가 · 유득공이 서얼 출신인데 반하여 그는 유일한 적출이었다.

그의 스승인 박지원(朴趾源, 1737~1805)과 일화 한 토막 소개한다. 박지원의 연암집에 실려 있다.

『이서구는 나이가 16세로 나를 따라 글을 배운 지가 이미 여러 해가 되었는데, 심령(心靈, 의식의 본 바탕)이 일찍 트이고 혜식(慧識, 추리하는 지혜)이 구슬과 같았다. 일찍이 녹천관집(綠天館集, 이서구의 문집)을 가지고 와서 나에게 질문하기를,

"제가 글을 지은 지가 겨우 몇 해밖에 되지 않았으나 남들의 노여움을 산 적이 많았습니다. 한 마디라도 조금 새롭다던가 한 글자라도 기이한 것이 나오면 그때마다 사람들은 '옛글에도 이런 것이 있었느냐?'고 묻습니다. '그렇지 않다'고 대답하면 발끈 화를 내며 '어찌 감히 그런 글을 짓느냐!'고 나무랍니다. 아, 옛글에 이런 것이 있었다면 제가 어찌 다시 쓸 필요가 있겠습니까. 선생님께서 판정해 주십시오."하였다.

그의 말을 듣고 나는 손을 모아 이마에 얹고 세 번 절한 다음 꿇어앉아 말하였다.

"네 말이 매우 올바르구나. 가히 끊어진 학문을 일으킬 만하다. 창힐(蒼頡)이 글자를 만들 때 어떤 옛것에서 모방하였다는 말을 듣지 못하였고, 안연(顔淵)이 배우기를 좋아했지만 유독 저서가 없었다. 만약 옛것을 좋아하는 사람이 창힐이 글자를 만들 때를 생각하고, 안연이 표현하지 못한 취지를 저술한다면 글이 비로소 올바르게 될 것이다. 너는 아직 나이가 어리니, 남들에게 노여움을 받으면 공경한 태도로 '널리 배우지 못하여 옛글을 상고해 보지 못하였습니다.'라고 사과하거라. 그래도 힐문이 그치지 않고 노여움이 풀리지 않거든, 조심스러운 태도로 '은고(殷誥)와 주아(周雅)는 하(夏) · 은(殷) · 주(周) 삼대(三代) 당시에 유행하던 문장이요, 승상(丞相) 이사(李斯)와 우군(右軍) 왕희지(王羲之)의 글씨는 진(秦) 나라와 진(晉) 나라에서 유행하던 속필(俗筆)이었습니다.'라고 대답하거라."』

궤산정(蕢山亭)

아쉽게도 궤산정과 관련한 작품은 전하지 않으나 당시 서계가 제자들에게 주었던 작품이 남아 있다. 1679년 그의 나이 51세 때 최창익(崔昌翼)과

---

**창힐(蒼頡)** : 중국의 전설에 나오는 황제의 신하로 새의 발 자취에서 착상하여 처음으로 글자를 만들었다고 함

**안연(顔淵)** : 춘추시대 노(魯)나라의 현인

**은고(殷誥)와 주아(周雅)** : 은고는 중훼지고(仲虺之誥)와 탕고(湯誥), 즉 서경(書經)을 가리키고, 주아는 주공(周公)이 제정했다는 소아(小雅)와 대아(大雅), 즉 시경(詩經)을 가리킨다.

궤산정은 박세당이 집 근처 냇가에 세운 정자로 후학들에게 학업을 가르치던 장소다.

이명세(李命世)에게 지어 준 시로 박세당의 교육관이 엿보인다.

자네에게 집 지어 무엇하려는지 묻노니
부지런히 고생하니 그 뜻 알만하네
애오라지 장차 서쪽 시냇가로 오가면서
십 년 동안 이곳 승경 함께 감상하세

問君結屋欲奚爲(문군결옥욕해위) 勞苦辛勤意可知(노고신근의가지)
聊且往來西澗上(요차왕래서간상) 十年同賞此中奇(십년동상차중기)

학문이란 물 모으는 것과 같음을 알아야 하나
가는 시냇물이 깊은 물이 됨을 모른다네
가뭄을 당하여 한 쪽을 터놓으면
마른 벼 싹 만 이랑 푸르게 됨을 볼 것이네

蓄學須知如蓄水(축학수지여축수) 涓涓不息得泓渟(연연불식득홍정)
放開一面當天旱(방개일면당천한) 却見枯苗萬頃青(각견고묘만경청)

문장 짓는 일 비단 짜는 것과 다르지 않으니
만 가닥 천 가닥 얽히지 말아야 한다네
직녀성 베틀에서 나온 것처럼
산과 용과 해와 달 무늬 찬란하리라

攻詞也不異攻緯(공사야불이공위) 萬縷千絲未要棼(만루천사미요분)
疑自天孫機畔脫(의자천손기반탈) 山龍日月爛奇紋(산룡일월란기문)

최창익에 대한 기록은 나타나지 않는다. 이명세(1673~1727)는 숙종 조에 지평(持平)을 역임했다.

청절사(清節祠)

박세당과 아들 박태보의 주도로 1686년 동봉사우가 건립된다. 이와 맞물려 김시습에 대한 서계의 진심을 헤아린 양주 유생들이 청액(請額) 운동을 하기에 이르렀고, 숙종은 서계가 사망하기 두 해 전인 1701년 '청절사(清節祠)'라는 편액을 내린다. 현재 노강 서원 터가 그곳이다.

**서계 청절사에서 운을 뽑았는데 연(緣) 자이었음**
**(西溪清節祠分韻得緣字)**

홍대용(洪大容, 1731~1783)

盪胸擊壤詞(탕흉격양사) 가슴은 격양사에 씻고
放懷南華篇(방회남화편) 회포는 남화편에 풀어내네

---

**天孫(천손)** : 직녀성으로 직녀성은 베를 짜는 여자의 모습으로 새겨져 있다.

誰能大其觀(수능대기관) 누가 능히 관점 크게 하여

解脫徽纏牽(해탈휘전견) 견제하는 포승에서 벗어났던가

惟有東峯子(유유동봉자) 생각해보니 김시습이 있어

淸風灑海堧(청풍쇄해연) 맑은 바람 바닷가에 뿌렸네

靑靑雪山松(청청설산송) 설산의 소나무 푸르디 푸르고

皎皎濁水蓮(교교탁수련) 흐린 물에 핀 연꽃 깨끗하다네

虞仲身雖辱(우중신수욕) 우중의 몸 비록 욕되지만

伯夷節乃全(백이절내전) 백이의 절개는 온전하였네

求仁而得仁(구인이득인) 인을 구하다가 인을 얻었으니

匪子愛逃禪(비자애도선) 당신은 선도를 사랑함이 아니었던가

我來拜其祠(아래배기사) 내가 와서 사당에 참배하니

桃柳春正姸(도류춘정연) 복사꽃과 버들 봄을 만났네

半幅丹靑面(반폭단청면) 단청에 반 폭의 얼굴

千古日星懸(천고일성현) 해와 별처럼 천고에 빛난다네

嘉樹列庭畔(가수열정반) 아름다운 나무 뜰 가에 열지었고

---

**擊壤(격양)** : 땅을 두드린다는 뜻인데 요 임금 시대에 어느 노인이 지었다는 격양가(擊壤歌)가 전한다.

**南華篇(남화편)** : 남화경으로 중국 전국시대의 대표적인 도가사상가인 장주(莊周)가 지었다고 전하는 책

**徽纏(휘전)** : 포승(捕繩)의 별칭

**虞仲(우중)** : 주문왕(周文王)의 형으로 문왕이 임금이 되자 도피하였다.

**伯夷(백이)** : 고죽군(孤竹君)의 아들로 주무왕(周武王)이 은(殷) 나라를 치려 할 때 간하였으나 무왕이 듣지 않자 그의 아우인 숙제(叔齊)와 함께 수양산(首陽山)에 숨었다.

**叢社(총사)** : 사찰의 별칭

石澗橫堂前(석간횡당전) 돌 위 흐르는 물 사당 앞 가로지르네

遺躅尙感人(유촉상감인) 남은 자취 오히려 사람 감동시켜

臨流且廻沿(임류차회연) 흐르는 물 따라 또 따라 돌았다네

願謝人間事(원사인간사) 나 또한 세상일 사절하고

長結叢祉緣(장결총사연) 오래 총사 인연 맺어 보려네

鵷雛棲棘林(원추서극림) 봉황은 가시 숲에 깃들고

蚊蚋集腥羶(문예집성전) 모기떼는 비린내에 모인다네

日暮劇愁余(일모극수여) 해지니 나의 근심 심하여

回首一潸然(회수일산연) 고개 돌려 눈물 쏟노라

홍대용은 지전설과 우주무한론을 주장했던 실학자이며 과학사상가로 지금도 널리 알려져 있다. 그런 그가 명나라를 멸한 청나라에는 극도의 반감을 지니고 있었다. 하여 1766년 조선의 사신단 일원으로 청나라 수도인 연경(베이징)을 방문했을 때 돌연 청나라 황제를 알현하는 공식 행사에 불참한다. 후에 그 사유를 설명한다. '청나라 황제와 관리들에게 무릎을 꿇고 인사하기 싫었기 때문'이라고. 아울러 청나라에게 받은 치욕을 갚겠다는 일념이 그의 머리를 지배한다.

청절사에서(淸節祠)

홍직필(洪直弼, 1776~1852)

吳道空門在(오도공문재) 유교의 도와 불도 있으니
先生百世師(선생백세사) 선생은 백세에 스승이라
非緣尋地勝(비연심지승) 부귀영화 거들떠보지 않고
爲愛秉天彝(위애병천이) 천륜 지키기 좋아하였네
莫怪身章幻(막괴신장환) 옷차림 괴이하다 탓하지 마오
常憐心跡奇(상련심적기) 기이한 본심 늘 어여뻤다네
黃花聊欲酹(황화요욕뢰) 국화 꽃 막 만개하려는데
白日照遺祠(백일조유사) 흰 태양은 남겨진 사당 비추네

홍직필은 아마도 조선조에서 가장 빈번하게 사의를 표명한 인물로 기록될 정도로 관직을 멀리했고 오로지 성리학에 전념하였다. 그런 그가 遊水落山記(유수락산기)를 남길 정도로 자주 수락산을 방문했다.

그런데 이 대목에서 흥미로운 사실 하나 밝힌다. 매월당 김시습은 칭송하면서도 바로 그곳, 서계의 주인인 박세당에 대해서는 전혀 언급이 없다. 그 사유는 앞서 김구의 졸기에서도 잠깐 살펴보았지만 당파가 다르다는 사유 때문이다.

노론의 적통인 홍직필이 소론이었던 박세당에 대해 논할 수 없었던 당시의 현실, 그저 안타까울 뿐이다.

---

**地勝(지승)** : 글자의 단순 의미는 경치 좋은 곳이나 필자는 부귀영화로 번역함

박세당을 기리며

## 패주(浿洲) 조세걸(曺世傑)의 그림에 산수육폭병풍가(山水六幅屛風歌)를 장난 삼아 쓰다

박세당

박세당 초상

조 장군의 뛰어난 그림 솜씨 원근에 자자한데
늙은 조패가 자네와 견주면 어떨지 모르겠네
금년에 서계로 찾아와
나를 좋은 선비로 생각하여 모습을 그렸다네
미묘한 부분 부분 수고로움 더하였으니
용모는 비록 여위었지만 정신은 왕성하구나
해 저문 산문에 대지팡이 의지하여
여윈 얼굴 흰머리 홀연히 마주 대했네
육 폭의 강산이 더욱 기묘하니
소상강과 동정호 붓끝으로 옮겨 왔네
경물이 다른 사계절 따랐으니
백년의 그윽한 흥취 누가 알겠는가

曹將軍丹靑好手遠近聞(조장군단청호수원근문)
不知老霸何如君(부지노패하여군)
今年來過西溪土(금년래과서계토)

疑我佳士圖其狀(의아가사도기상)

自言妙處費心匠(자언묘처비심장)

容貌雖癯精神旺(용모수구정신왕)

山門日落倚笻杖(산문일락의공장)

蒼顏華髮忽相向(창안화발홀상향)

六幅江山尤絶奇(육폭강산우절기)

瀟湘洞庭毫端移(소상동정호단이)

景物不同隨四時(경물부동수사시)

百年幽興誰能知(백년유흥수능지)

서계 고택에 남아 있는 박세당 영정에 관한 글이다. 서계가 석천동에 은거하자 조세걸이 방문한다. 조세걸(曺世傑, 1635~?)은 조선 중기의 화가로 산수화에 능하였고 벼슬은 첨사를 지냈다.

조세걸과의 인연은 무신년(1668, 현종 9)으로 거슬러 올라간다. 박세당이 서장관으로 연경(燕京)으로 오가는 길에 서경(평양)에 들른 길에 그가 찾아왔던 일이 인연이 된다. 당시 조세걸이 화첩을 가지고 와서 서계에게 발문을 부탁하였던 것이다.

그런데 그 먼 서경에서 서계의 초상을 직접 그려주기 위해 찾아왔으니

---

**浿洲(패주)** : 조세걸의 호

**瀟湘(소상)** : 소상강으로 중국의 상강(湘江)을 가리킨다. 그 강물이 깊고 맑기 때문에 붙여진 이름이다.

**洞庭(동정)** : 중국 최대의 명승지인 동정호를 지칭한다.

고맙지 않을 수 없다. 아울러 넌지시 조장군 즉 조패(曹霸)를 거론한다. 조패는 조조의 후손으로 그림을 잘 그렸다고 전한다.

이 대목에서 박세당의 죽음에 대해 간략하게 살펴보자. 박세당은 1703년(숙종 29) 사변록(思辨錄)과 관련하여 사문난적이라는 지목을 받아 삭탈관작과 문외출송의 처분을 받고, 다시 옥과(玉果, 전남 곡성의 옛 지명)로 멀리 유배되었다가 유배의 명이 취소되어 양주 석천으로 돌아와서 임종을 맞았다.

사변록은 박세당이 대학, 중용, 논어, 맹자, 상서, 시경을 주해한 책으로 통설(通說)이라고도 한다. 박세당은 당시 사서의 주석으로 종래의 권위를 가지고 정통으로 여겼던 주자의 설을 비판하는 동시에 독자적인 주석을 통해 해석을 가한 것이 많다.

이렇듯 주자의 경의(經義, 경서의 뜻)에 반기를 들고 자기 식의 해석을 했기 때문에 당시 정계 · 학계에 큰 물의를 일으켜 '사문난적(斯文亂賊)'이라는 낙인이 찍혔고 급기야 유배 처분까지 받게 된다.

그러나 그에게 씌워진 멍에는 그리 오래가지 않는다. 그가 사망한지 3년 되던 1706년에 복관 처분이 이루어진다.

박세당이 임종하자 많은 사람들이 그의 죽음을 애도하며 앞 다투어 슬픔을 글로 승화시켰다. 그 중에서 한 편만 실어본다.

### 서계에 대한 만사 2수

윤증(尹拯, 1629~1714)

하나

평생 도 곧아 일찍이 어그러짐 없었고
호연한 기운 천지간 가득 채웠었네
지금 운명하시니 무슨 여한 있으련만
뒤에 남은 이 몸만 부질없이 슬퍼하네

둘

임천에서 편안하게 임종 맞았으니
인자하신 천심 본래 치우침 없으셨네
예전 품계 회복되면 성덕 빛날 텐데
누가 능히 임금님께 차근차근 아뢸는지

挽西溪 二首

一

平生直道不曾虧(평생직도부증휴) 浩氣洋洋塞兩儀(호기양양새양의)

觀化如今何所憾(관화여금하소감) 空留後死枉傷悲(공유후사왕상비)

二

考終終得在林泉(고종종득재임천) 仁愛天心本不偏(인애천심본불편)

舊秩渙恩光聖德(구질환은광성덕) 誰能謦欬四聽邊(수능경해사총변)

윤증은 성혼(成渾)의 외증손으로 윤선거의 아들이다. 서인이 노론과 소론으로 분리될 때 소론의 영수로 추대되어 송시열과 대립하였다. 생전에 대사헌, 우참찬, 좌참찬, 우의정 등에 제수되었으나 모두 사양하였다.

조선 유학사에서 예학을 정립한 대학자로 평가받는 인물로 그의 제자들이 추렴하여 스승을 모시고자 논산에 '명재고택(明齋古宅, 중요민속자료 제190호)을 지었다. 그러나 윤증은 고택 옆 아주 작은 초가집에 살 정도로 근면했다 한다.

아울러 윤증은 남구만의 만사도 짓는데, 남구만의 만사를 지으며 그 순간까지 죽지 않고 살아 있는 자신을 한한다. 이 대목에서 윤증과 박세당, 남구만 관계를 덧붙이자. 세 사람은 동갑으로 친구 사이이며 또한 박세당과 남구만이 처남매부지간이듯 윤증의 누이가 박세당의 형 박세후(朴世垕, 1627~1650)의 부인으로 세 사람은 혼맥으로 얽혀 있다.

---

**四聽(사총)** : 사방 만민의 소리를 듣는 임금의 총기

능선에서 바라본 회곡, 저 멀리 삼각산(북한산)이 보인다.

# 회운동의 남학명

◎

## 남학명의 수락산재

회운동은 현재 노원구 상계 1동의 벽운동을 지칭한다. 회운동이 알려지게된 사연이 흥미롭다. 바로 박세당의 조카인 남학명에 의해서다. 남학명(南鶴鳴, 1654~1722)은 본관은 의령(宜寧), 자는 자문(子聞), 호는 회은(晦隱)으로 남구만의 아들이다.

남구만(南九萬, 1629~1711)은 옥류동의 터줏대감인 남용익을 설명하며 등장했던 남재의 후손으로 우의정, 좌의정, 영의정을 역임하는 등 숙종 조에 정치의 중심에 있던 인물로 소론의 영수로 지목되기도 했다. 박세당의 부인이 남구만의 누나이다.

남학명과 회운동의 인연은 남학명의 6대 조 즉 남구만의 5대조인 남치욱으로 거슬러 올라간다. 남치욱이 그의 아들인 남언순과 회운동의 계곡 즉 회곡을 선영으로 정하면서 인연이 시작된다.

하여 남구만 역시 선영이 있는 회운동에 터를 잡고자 했으나 사정이 여의치 않아 뜻을 이루지 못한다. 이후 그의 아들인 남학명이 일시적이지만 그곳에 서재를 짓고 자주 머물렀다. 이와 관련하여 남학명의 '회은옹자서묘지'(晦隱翁自序墓誌)의 내용 일부를 살펴본다.

『주부로 추천받았으나 취하지 않았다. 감히 고고함을 자처한 것은 아니다. 중년에 수락산 서쪽 회운동에 꽃과 과일나무 천 그루를 심었다. 몇 칸의 집을 지으니 골짜기의 아름다움이 있었다. 재상 최석정이 강제로 회은재라 명했지만 감히 호로 여기지 않았다. 책을 쌓아두기를 즐겨하여 금석문이 만 축에 이르렀다. 세상 사람들이 소위 성색취미(소리·빛깔·냄새·맛 등 사람의 감각기관인 눈·귀·코·입과 밀접한 것으로 이를 지각하는 것을 이름)가 머무르는 듯하다 했다.』

앞의 글대로 남학명은 나이 서른여섯 되던 1689년에 몇 칸의 집 즉 '수락산재'(水落山齋)를 짓는다. 산재가 완성되자 아버지를 비롯하여 고모부 박세당 등 지인들이 수시로 그곳을 방문하여 유유자적한다.

그리고 1691년 박세채(朴世采)로부터 楊州晦谷齋舍記(양주회곡재사기)를 받는다. 기에 의하면 그 장소가 '수락산 서쪽 기슭으로 삼각산과 마주하고 있다' 하여 앞에 등장하는 사진을 그대로 반영하고 있다,

지금은 흔적조차 남아있지 않지만 그와 관련된 작품을 살피며 그 속으로 들어가 보자. 먼저 이세구의 양와집(養窩集)에 실려 있는 작품을 감상해본다.

이날 함께 조암을 방문하고 회곡에 도착하여 바위에 앉아 눈 앞에 경치를 읊다. 계곡은 남학명의 선영 아래 있는데 숲과 골짝이 모두 아름답다. 남학명이 초가집을 계획하고 있다 말하다.

8월 수락산에 세 사람 모였는데 (남학명)
흰 돌과 맑은 시내 비온 후 새롭네 (이세구)
뒷날 화산 절반 나누어
연기와 안개 깔린 곳곳 이웃으로 만드세 (최석정)

是日共訪槽巖。因到晦谷。坐石上賦卽景。谷是子聞先壠下。林壑俱美。聞有計誅芧云

秋高水落會三人 子聞 (추고수락회삼인, 자문)
白石淸川雨後新 壽翁 (백석청천우후신, 수옹)
他日華山分一半 (타일화산분일반)
烟霞隨處作比隣 汝和 (연하수처작비린, 여화)

앞의 시는 남학명이 이세구, 최석정과 함께 槽巖(조암, 조창기의 호)을 방

---

**秋高(추고)** : 하늘이 높다는 뜻으로 음력 8월을 달리 부르는 말. 가을 하늘이 높고 말이 살찐다는 의미에서 추고마비(秋高馬肥) 또는 천고마비(天高馬肥)라고도 한다.

**華山(화산)** : 신선의 석실(石室)이 있다는 금화산(金華山)의 준말

* 글 제목에 등장하는 誅芧에서 芧(도토리 서)는 茅(띠 모)의 오기로 보임

문하고 회운동 계곡에 들어 세 사람이 돌아가며 읊은 시다. 이세구(李世龜, 1646 ~1700)는 호는 壽翁(수옹)으로 이항복의 증손이다. 예산 현감, 홍주 목사 등을 역임했다. 최석정(崔錫鼎, 1646~1715)은 호는 汝和(여화)이며 최명길의 손자로 앞서 등장했던 최석항의 형이다. 이조판서, 우의정, 좌의정, 영의정 등을 역임했다.

세 사람이 어느 장소인지는 구체적으로 알 수 없으나, 회운동 혹은 근처로 추정되는 사헌부감찰, 호조좌랑, 지평 등을 역임했던 조창기(趙昌期, 1640~1676)를 방문하고 회곡을 찾았다. 그런데 흥미로운 부분이 나타난다. 앞의 시가 생성된 시기다.

조창기는 1676년에 생을 마감한다. 그렇다면 앞의 시는 그 이전에 지은 것으로 즉 남학명의 나이 스므 살 즈음으로 여겨진다. 이미 그 시기에 남학명은 회곡에 터 잡을 생각을 품고 있었다 풀이된다.

### 수락산재에서 즉흥적으로

종일 기와에 비 쏟는 소리 처마에 걸리더니
긴 숲 아득하고 저녁 연기 푸르네
시내와 들판 전경 평평하며 멀고
온 산에 아지랑이 어두웠다 밝아지네
천기 움직이는 곳에서 나를 잊으니
즐거운 마음 이는 때 말 없어진다네
작은 집에서 외로이 읊다 홀로 누우니

누가 서른 여섯 살에 품은 뜻 알겠는가

**水落山齋卽事**

終日懸簷注瓦聲(종일현첨주와성) 長林漠漠暮煙青(장림막막모연청)
一川野色平而遠(일천야색평이원) 千嶂輕嵐暗更明(천장경람암경명)
天機動處吳忘我(천기동처오망아) 樂意生時語未形(낙의생시어미형)
蝸室孤吟還獨卧(와실고음환독와) 誰知三十六年情(수지삼십육년정)

석천동과 회운동을 수시로 방문하던 남학명이 기어코 회운동에 수락산재를 세운다. 이때가 그의 나이 서른 여섯 되는 1689년이다. 앞의 시를 살피면 수락산재의 원형이 슬그머니 모습을 드러내는 듯하다.

숲을 배경으로 앞으로는 시내와 들판이 평평하다 했다. 숲은 물론 수락산이고 앞에 펼쳐진 들판은 마들 평야, 시내는 수락산에서 발원하여 중랑천으로 흘러들어가는 지류(지금은 모두 복개되었음)임을 어렵지 않게 알 수 있다.

**수락산재가 완성되어, 윤 진사 군중 지임과 더불어 마차 타고 나서다**

동림정사 경영한지 오래인데
손잡고 함께 돌아가 등하나 마주하네
적적하고 쓸쓸하다 자네 한탄하지 말게
지금 내가 사는 세상에 염승 있다네

## 水落山齋成。與尹進士君重 志任 同車而出

東林精舍經營久(동림정사경영구) 攜手同歸對一燈(휴수동귀대일등)

寂寂寥寥君莫恨(적적요요군막한) 吳今於世有髯僧(오금어세유염승)

윤지임은 호조 정랑을 역임한 윤서적의 아들로 호는 君重(군중)으로 당시 직위는 없었고 진사시험에 합격한 상태였다. 후일 정랑과 단양 군수를 역임하는데 수락산재가 완성되자 두 사람이 그곳을 방문한다.

앞의 글을 살피면 남학명이 윤지임과 더불어 다른 곳에서 동림정사란 단체를 운영하고 있던 듯 보인다. 그런데 윤지임이 새로 세운 수락산재에 대해 탐탁하게 생각하지 않은 듯 하다.

하여 남학명은 髯僧(염승)을 언급한다. 염승은 말 그대로 수염이 많이 난 중을 뜻한다. 이는 남학명의 고모부인 박세당이 열과 성을 다해 받드는 매월당 김시습을 빗댄 듯하다. 김시습은 머리는 깎았으나 수염은 길렀는데, 즉 염승이란 속세를 떠나 유유자적한 삶을 의미한다.

여하튼 윤지임의 모습이 더 이상 보이지 않는 것으로 보아 이후 본격적인 벼슬길에 오른 것으로 추측할 수 있다.

## 이날 수락산 서쪽 회곡에 도착하다. 여화와 수옹의 시를 차운하다

(是日到水落山西晦谷。次汝和, 壽翁韻)

---

**東林精舍(동림정사)** : 東晋(동진)의 고승 慧遠(혜원)이 여산(廬山)에 세운 정사

歇馬臨淸澗(헐마임청간) 맑은 시냇가에 말 세워

傳杯坐白沙(전배좌백사) 흰 모래에 앉아 술잔 권하네

淺山含遠意(천산함원의) 얕은 산은 깊은 생각 머금고

丹葉勝春葩(단엽승춘파) 단풍잎은 봄 꽃 압도하네

如水盟靈境(여수맹영경) 물처럼 영경에 맹세하고

誅茅合我家(주모합아가) 띠 베어 내 집 지었다네

終能承惠好(종능승혜호) 끝내 정다운 관계 이어

攜手更同車(휴수갱동차) 손 잡고 같이 지내세

남학명이 수락산재를 짓고 다시 최석정과 이세구와 함께 그곳을 방문하고 지은 시다. 이 시는 바로 이어지는 시에 대해 남학명이 차운한 시다. 그 원형을 살펴보자. 이세구의 양와집에 실려 있다.

**회곡연구, 이때 남학명이 먼저 돌아왔다. 최석정과 시냇가에 앉아 즉석에서 시를 지었다**

(晦谷聯句 時子聞先返。與汝和仍坐川上口占)

偶入松間路(우입송간로) 우연히 소나무 사이 길 들어

壽翁(수옹, 이세구)

共踏溪上沙(공답계상사) 함께 시냇가 모래 밟았네

**靈境(영경)** : 속세를 멀리 떠난 경치 좋고 조용한 곳

봄날 꽃 눈 내린 회곡 모습

琮琤響寒玉(종쟁향한옥) 시냇물 소리 한옥처럼 울리고

汝和(여화, 최석정)

縹緲攢群葩(표묘찬군파) 아스라이 뭇 꽃들 모였다네

鳥語偏宜夕(조어편의석) 새소리 저녁에 유달리 좋은데

壽翁(수옹, 이세구)

烟光知有家(연광지유가) 가득한 연기 집 있음 알겠네

平生捿遯意(평생서둔의) 한평생 은거하여 살고자 하니

汝和(여화, 최석정)

觸境懶迴車(촉경라회차) 부딪치는 일마다 게을러 수레 돌리네

壽翁(수옹, 이세구)

제목을 상세하게 들여다보면 흥미로운 점이 나타난다. '남학명이 먼저 돌아왔다'는 대목이다. 그렇다면 여화와 수옹 두 사람도 수시로 그곳을 방문했던 것으로 사료된다.

### 수락산재에 대한 짧은 기록

(水落山齋小記)

癸酉二月 1693년 2월

---

**寒玉(한옥)** : 맑고 차가운 옥

**觸境(촉경)** : 육경(六境)의 하나로 몸으로 느낄 수 있는 대상인 추위나 촉감 등

到水落山齋留八日 수락산재에 도착하여 8일 머물렀다

歸築室于此已伍載 돌아와 여기에 집 지으니 이미 5년 되었다

藏書千餘卷 책 천여 권 소장하고

枕席牀帳 베게와 자리 그리고 가구들

山家淸供 산집에 맑고 깨끗하게 갖추었다

亦略具矣 간략한 것들 역시 갖추었는데

花木亦多栽列 꽃과 나무 역시 많이 심어 벌려놓았다

而不得久留 오래 머물지 못함은

眞司馬溫公所謂 '暫來還似客' 사마광이 이른바 '잠시 왔다 가곤 하니 손님 같고'

'歸去不成家' 者也 '돌아가 버리니 집 같지 않네' 한 것과 같다

溫公遊嵩山疊石溪 사마광이 숭산의 첩석계에서 놀며

買地爲別舘 땅을 사 별장 만들어

每至不過數日復歸 매양 도착하나 수일 지나지 못하고 다시 돌아간다

故有此詩云 그래서 이 시를 짓는다

남학명이 비록 회운동에 수락산재를 세웠지만 상주하지는 않았던 듯 보인다. 아울러 그 사유로 사마광을 예로 들었다. 앞의 인용 글은 사마광이 첩석계에 대한 마음을 시로 표현한 것을 그대로 인용한 것으로 자신의 마음을 에둘러 표현한 것으로 풀이된다.

---

**疊石溪(첩석계)** : 사마광의 별장이 있던 아름다운 장소

1716년 2월 7일 회곡 시냇가에서 즉석에서 짓다

시냇물 마주하고 앉으니 온종일 한가하고
엷은 얼음 남아있는 눈 모두 맑고 차다네
옆 사람이 진경 찾는 나그네로 잘못 비유하여
억지로 산을 즐기려 하나 산 존재하지 않네

二月七日。晦谷溪上口占。丙申

坐對溪流盡日閒(좌대계류진일한) 輕氷殘雪共淸寒(경빙잔설공청한)
旁人錯比尋眞客(방인착비심진객) 强作耽山不在山(강작탐산부재산)

남학명의 나이 예순 세 살 때인 1716년에 지은 시다. 그 시기면 그의 단짝이었던 이세구와 최석정은 이미 이 세상 사람이 아니다. 항상 세 사람이 함께 찾고는 했던 그 회곡에 남학명 혼자 덩그마니 남아 있다. 두 사람은 가고 없지만 그의 변함없는 벗은 남아 있다. 바로 수락산이다.

박세당과 남구만의 이별가

남학명이 회운동에 터전을 마련하자 아버지 남구만과 고모부 박세당이 모른 척 할리 없다. 자주 그곳을 방문하여 유유자적하는데 두 사람이 이별에 임해 서로 주고 받은 작품을 살펴본다.

흡사 처남 매부지간이 아닌 평생지기간의 대화를 연상케하는 그들의 대화, 먼저 박세당이 남구만에게 말을 건넨다.

**회곡 시냇가에 모였는데, 이때 약천 상공이 장차 비파담(용인)으로 돌아가려 하므로 이별 위해 이 시를 짓다.**

하나

총애와 수모에 자주 놀라며 여러 조정 섬기니
정신은 줄어들지 않았으나 머리털은 시들었네
궁궐 하직하고 전원으로 돌아가니
붉은 고니 표연히 푸른 하늘에 있네

둘

어렸을 때부터 서로 친하게 지냈으니
육십 년 동안 자주 만나고 헤어졌네
오늘 또 시냇가에 와서 이별하니
어느 날 다시 만날지 모르겠다네

**會于晦谷溪上。時藥泉相公將歸琶潭。作此爲別**

一

寵辱頻驚事累朝(총욕빈경사루조) 精神不減鬢毛凋(정신불감빈모조)

却辭丹陛田園去(각사단폐전원거) 紅鵠飄然在碧霄(홍곡표연재벽소)

二

自從穉齒卽相親(자종치치즉상친) 六十年間聚散頻(육십년간취산빈)

今日又來溪上別(금일우래계상별) 不知重會在何辰(부지중회재하신)

이에 남구만이 화답한다.

중추에 서계 노형과 회운동 시냇가에서 만났는데, 작별에 임하여 시를 지어 주었음으로 삼가 화답하여 받들어 올리다.

하나

흰 돌과 맑은 시냇물 절경 속에서
여윈 얼굴 흰 머리로 동 서에 앉아 있네
그대는 다시 가벼이 헤어지지 마오
똑같이 칠십 살 먹은 늙은이이니

---

**丹陛(단폐)** : 붉은 칠을 한 대궐의 섬돌 즉 대궐을 달리 이르는 말

둘

비록 같은 해에 태어났으나 어리석고 어짐은 달라

도를 들은 시기 크게 다르니 매우 부끄럽네

지금 나의 이 행보 어찌 도를 이루겠는가

그대에게 삼십일 년 앞을 사양하네

中秋會西溪老兄於晦雲洞溪邊。臨別蒙贈。謹此奉酬

一

白石淸溪一席中(백석청계일석중) 蒼顔華髮坐西東(창안화발좌서동)

請君且莫輕分手(청군차막경분수) 同是人間七十翁(동시인간칠십옹)

二

生雖同歲異愚賢(생수동세이우현) 聞道深羞早晩懸(문도심수조만현)

今我此行何足道(금아차행하족도) 讓君三十一年先(양군삼십일년선)

---

**讓君三十一年先(양군삼십일년선)** : 벼슬을 버리고 시골로 돌아감이 박세당보다 31년 늦었음을 의미한다.

## 회운암(晦雲菴)

남학명이 회운동에 거처를 정하자 그에 뒤질세라 회곡에 있던 회운암의 승려 경련(敬璉)이 계곡에 벽운루를 세운다. 경련은 석림사에 머물렀던 스님으로, 확고하게 단정할 수 없지만 박세당의 권유로 회운동에 암자를 세운 혹은 기존에 있던 암자를 재건한 것으로 풀이할 수 있다.

여하튼 경련이 회운암(현 염불사 터로 추정, 과거 암자가 있었던 점 그리고 회운암과 염불사에 궁녀가 등장한다는 점에 기인한다.)으로 옮기고 이어 경치 좋은 시냇가에 벽운루를 짓자 박세당과 남구만에 의해 세상에 알려지기 시작한다. 박세당과 남구만이 회운암을 찾아 스님들과 놀았던 장면을 그려본다.

회운암의 승려 경련에게 주다.

남구만

내 선루에 이르니 막 공사 끝났는데
계획에 따라 집 지은 뜻 참으로 훌륭하네
이곳에 오르니 아름다운 이름 없을 수 없어
사미승에게 벽운이라 부르라 하였네

贈晦雲菴僧敬璉

我到禪樓初斷斤(아도선루초단근) 經營結構意良勤(경영결구의양근)
登臨不可無佳號(등임불가무가호) 分付沙彌喚碧雲(분부사미환벽운)

앞의 시에서 흥미로운 부분이 나타난다. 즉 회운암 승려 경련이 지은 누각 이름과 관련해서다. 남구만이 새로 지은 누각에 碧雲(벽운, 푸른 구름)이라는 이름을 지어 주었다. 이를 살피면 현재 벽운이란 지명은 이로부터 비롯된 것으로 풀이할 수 있다.

약천의 시에 차운하여 경련에게 주다

박세당

영인이 팔 휘둘러 상근 움직이니
제천이 달려와 함께 공사 도왔네
난간의 기둥 들쭉날쭉 시내 그림자 일렁이니
객이 와 길게 휘파람 불며 층층 구름에 기대네

次藥泉韻贈敬璉

郢人揮臂運霜斤(영인휘비운상근) 奔會諸天共奏勤(분회제천공주근)
欄柱參差溪影動(난주참치계영동) 客來長嘯倚層雲(객래장소의층운)

약천의 시에 차운하여 신 상인에게 주다

회운동은 따로 하나의 별천지니
서늘한 솔바람 따뜻한 꽃기운과 다투네
고승이 항상 석장 걸어 두기 알맞으니
속인들 멀리서 수레 돌리게 해야 하리

次藥泉韻贈信上人

晦雲也自一乾坤(회운야자일건곤) 松籟涼爭花氣溫(송뢰양쟁화기온)
只合高僧常掛錫(지합고승상괘석) 須敎俗士遠回轅(수교속사원회원)

박세당이 남구만의 시를 차운하여 지은 시인데 정작 남구만의 시는 보이지 않는다. 여하튼 뭔가 미진한 부분이 있는지 박세당이 다시 경련을 위해 붓을 든다.

경련에게 주다 2수

---

**郢人(영인)** : 솜씨 좋은 목수를 말한다. 초나라 영인이 코끝에다 파리 날개만한 백토를 바르고는 장석(匠石, 돌 기술자)을 시켜 그 백토를 깎아 내게 하자, 장석이 바람 소리가 나도록 도끼를 휘둘러 깎아 냈다. 그런데 백토만 깨끗이 깎이고 코는 아무렇지도 않았다 한다.

**霜斤(상근)** : 서릿발같이 날이 선 도끼

**諸天(제천)** : 불교 용어로 삼십삼천을 주재하는 신들

**參差(참치)** : 고르지 않아 가지런하지 않음. 참치부제(參差不齊)의 준말

하나

한가하게 어찌 일찍이 도읍에 도착했는지 꿈꾸니
태양과 달 따라 서로 달려가네
눈 앞 만물의 빛깔 마음 속에 얻으니
단풍과 봄꽃 바라보매 다르지 않네

둘

회운 시내가의 벽운루는
비록 근심 많아도 즉각 시름 씻어 주지
부러워라 세간의 번뇌 사라진 곳에서
평생 유유자적하니 다시 무엇을 구하리

贈敬璉 二首

一

閑夢何曾到邑都(한몽하증도읍도) 也從烏兎互馳徂(야종오토호치조)
眼中物色心中得(안중물색심중득) 秋葉春花看不殊(추엽춘화간불수)

---

**烏兎(오토)** : 태양 속에는 세 발 돋친 까마귀가 살고, 달 속에는 토끼가 산다는 전설에서, 해와 달을 달리 이르는 말

**高臥(고와)** : 벼슬을 하직하고 한가하게 지냄

二

晦雲溪上碧雲樓(회운계상벽운루) 縱自多愁卽散愁(종자다수즉산수)

羨爾世間煩惱盡(선이세간번뇌진) 百年高臥復何求(백년고와부하구)

## 회운암을 찾은 사람들

박세당과 남구만에 의해 회운암이 세상에 알려지자 그들의 지인들 역시 발걸음을 하게 되고 또 훗날 사람들이 그곳을 찾아들며 나름의 인연을 쌓고 그 흔적을 남긴다.

회운암에 묵으며

최석항

어느 해 암자 지어 맑고 그윽함 일으키려나

우리 같은 사내들 멋지게 놀기 위함이라네

주미 휘두르며 담론하니 시승 만나고

지팡이 짚고 약속하니 시인 생각나네

바람은 푸른 산 흔들어 자리 옮기게 하고

달은 소나무 그늘 점점 누각 위로 당기네

밤에 부들 방석에 앉으니 사방 고요하여

회운암 근처로 추정되는 계곡의 초봄 모습

세상에 한가한 시름 일어날 곳 없다네

최창대

빈 누각에서 옷 걸치고 서늘한 저녁 맞이하니

자주색과 녹색 석양빛 앞 언덕에 다다르네

달은 회화나무 그림자 옮겨 창에 가늘게 얽히고

바람은 송홧가루 휘저어 원에 향기 가득하네

흐르는 물소리 속에 무릇 성인 숨었으니

속세에 돌아온 후 꿈속의 넋 길다네

산음에서 동거 약속 한번 어기니

별장에 선비 책상 구름 자욱하네

宿晦雲菴

何年法構發淸幽(하년법구발청유) 應爲吳人倩勝遊(응위오인천승유)

揮麈軟談逢韵釋(휘주연담봉운석) 杖藜佳約憶詩流(장여가약억시류)

風搖嶽翠初移席(풍요악취초이석) 月引松陰漸上樓(월인송음점상루)

夜坐蒲團群動息(야좌포단군동식) 世間無地起閒愁(세간무지기한수)

虛閣被衣借夕凉(허각피의차석량) 斜光紫翠赴前岡(사광자취부전강)

月移槐影縈牕細(월이괴영영창세) 風攪松花滿院香(풍교송화만원향)

流水聲中凡聖隔(유수성중범성격) 紅塵歸後夢魂長(홍진귀후몽혼장)

山陰一失同車約(산음일실동거약) 別墅雲深處士床(별서운심처사상)

앞의 시는 최석항이 조카인 최창대(崔昌大, 1669~1720)와 함께 회운암을 방문하여 묵으며 함께 지은 시다. 그런 연유로 최석항은 조카의 작품을 자신의 시집인 '손와유고'에 함께 실었다.

아들이 진사 윤계동과 회운암에서 독서하다. 해촌에서 여가 내어 지나다. 진사는 사망한 친구 경임의 고아다.

조현명(趙顯命, 1690~1752)

절에서 약속 있어 한가한 날 틈타니
스님과 함께 경사 읽는 아이들 맑다네
저는 나귀 타고 십리 길에 눈 흩날리는데
옛 절 천 봉우리에 구름 기운 피어오르네
자식이 문채 없어 노부는 부끄러우니
원빈이 친구의 정 보는 듯하네

---

**麈(주)** : 주미(麈尾)로 고라니의 꼬리털로 만든 먼지떨이를 말한다. 옛날에는 청담(淸談)하는 사람들이 이것을 많이 가졌고, 후세에는 불자들도 이것을 많이 가져서, 전하여 청담을 나누거나 불법을 담론하는 것을 의미한다.

**山陰(산음)** : 중국 소흥부(紹興府)에 속한 고을 이름이다. 진(晉) 나라 때 왕자유(王子猷)가 산음에 살았는데, 눈이 내리는 밤에 갑자기 흥분하여 그의 친구인 대안도(戴安道)를 찾아갔던 고사가 있다. 즉 친구 찾음을 상징한 것이다.

맵고 쓴 것 먹고 와서 마침내 지었으니

오성에서 나온 김치 먹고 싫어하지 말게

兒子與尹上舍 啓東。讀書晦雲菴。自海村。乘暇過之。上舍。亡友景任孤兒也

有約山門乘暇日(유약산문승가일) 諸君經史與僧淸(제군경사여승청)

蹇驢十里雪飛落(건려십리설비락) 古寺千峯雲氣生(고사천봉운기생)

通子無文老父恥(통자무문노부치) 元賓如見故人情(원빈여견고인정)

喫來辛苦終須做(끽래신고종수주) 莫厭啖葅出伍聲(막염담저출오성)

조현명은 대사헌, 도승지, 이조·병조·호조판서, 우의정, 좌의정, 영의정을 역임했으며 영조 조 전반기에 탕평(蕩平, 당파간 정치적 알력을 해소하기 위해 적극 모색되고 실천된 정책)을 주도했던 정치가다.

그의 형 조문명(趙文命, 1680~1732)이 영조에게 탕평책으로 호대쌍거(互對雙擧)를 건의한다. 호대(互對)라고도 부르는 이 제도는 판서가 노론이면 참판

---

**海村(해촌)** : 동사강목에 '경성의 동쪽 30리 도봉산 아래에 있다' 기록되어 있다. 해등촌으로 현재 도봉동 지역에 해당된다.

**經史(경사)** : 경서(經書)와 사서(史書)

**元賓(원빈)** : 당나라 이화(李華)의 종자로서 한퇴지의 벗이었던 이관의 자(字)이다. 문장을 지으면서 옛 사람의 글을 답습하지 않으면서 퇴지와 막상막하의 실력을 겨루었는데, 29세에 타향에서 요절하자 퇴지가 묘지를 지어 슬퍼하였다.

**伍聲(오성)** : 감(甘, 단맛), 신(辛, 매운 맛), 산(酸, 신맛), 고(苦, 쓴맛), 함(鹹, 짠맛)

회운암 근처로 추정되는 곳의 봄 날

은 소론을 등용하는 식의 인사 방식으로 두 당파가 균형을 이루게 하기 위함이었다. 형을 이어 조현명 역시 공평무사에 치중한 인물로 평가 받는다.

**회운암 도중에**

김광익

두 봉우리 가운데 끊겨 길 기울었고
아침 해 아스라히 골안개에 갇혔네
가랑비 은은한 향기 어디서 일어나는가
바위 가 철쭉 꽃 피기 시작한다네

**晦雲菴途中**

兩峯中斷路攲斜(양봉중단로기사) 初日迷茫在谷霞(초일미망재곡하)
細雨微香何處動(세우미향하처동) 巖邊躑躅始開花(암변척촉시개화)

**회운암에서**

범경문

두루 거니니 사찰 종소리 들리고

산 가득한 신록에 남은 노을 비치네

약천이 남긴 시편 존재하고

누원의 맑은 빛 객사 길에 비껴있네

소나무 속 암자의 부처 눈썹 눈처럼 하얗고

예불 올리는 궁녀 귀밑털 까마기처럼 검다네

이 시절 정말 맑고 화창하니

담장 밖 목련 바야흐로 꽃피려 하네

晦雲菴

遍以經行鐘梵家(편이경행종범가) 滿山新綠映餘霞(만산신록영여하)

藥泉遺迹詩篇在(약천유적시편재) 樓院晴光店路斜(루원청광점로사)

庵釋皈松眉似雪(암석반송미사설) 宮娥禮佛鬢如鴉(궁아예불빈여아)

天時政是淸和日(천시정시청화일) 墻外木蓮方欲花(장외목련방욕화)

상기 글에서 흥미로운 대목이 나타난다. '藥泉遺迹詩篇在(약천유적시편재) 약천이 남긴 시편이 존재하니'라는 부분이다. 약천은 물론 남구만이다. 남구만보다 110여 년 후의 사람인 범경문은 약천이 남긴 시들이 회운암에 있다고 했다.

아울러 樓院(누원)은 박세당을 가리킨다. 물론 누원은 도봉동에 있는 다

---

**經行(경행)** : 절간에서 참선하다가 밀려오는 잠도 쫓을 겸 몸을 가볍게 풀기 위하여 일정한 공간을 왔다 갔다 하며 걷는 것을 말한다.

락원의 지명이기도하다. 그런데 박세당을 가리켜 누원이라 지칭하는 데에는 흥미로운 사연이 있다. 바로 박세당의 아버지 박정이 토지를 하사받을 당시 현 장암과 누원 일대를 모두 포함하고 있었다. 하여 이후 박세당은 누원으로 불리기도 하였다.

또한 글 내용을 살피면 '예불 올리는 궁녀'란 표현이 등장한다. 당시 궁녀들의 생활상을 엿볼 수 있는 대목이다. 궁녀들은 나이가 많거나 중병에 걸려 궁녀로서 업무 수행이 어려운 경우 궁녀 직을 파했다. 이들은 출궁 후 승려가 돼 사찰에서 여생을 보내는 경우가 허다했다고 전한다.

겨울 막바지 비 내리는 날 수락산 모습

# 수락산에서 제대로 놀았던 사람들

◎

이 장에서는 비록 수락산에 터를 잡지 않았지만 근처에 머물며 수시로 수락산을 방문했던 서거정과 김정희의 발자취를 찾아본다. 서거정은 한동안 불암산 기슭에 머물렀었고 김정희는 石峴(석현, 양주군 장흥 소재)에 거주했던 적이 있다.

## 서거정과 흥국사

서거정(徐居正, 1420~1488)은 본관은 달성이고 자는 강중(剛中), 호는 사가정(四佳亭), 시호는 문충(文忠)이다. 1444년(세종 26) 식년문과에 급제한 이후 대사헌, 대제학을 거쳐 좌찬성에 이르렀으며 달성군(達城君)에 책봉되었다.

45년간 여섯 왕을 섬겼고 문장과 글씨에 능하여 경국대전, 동국통감, 동국여지승람 편찬에 참여했으며, 또 왕명을 받고 향약집성방을 국역했다. 성리학을 비롯 천문 · 지리 · 의약 등에 정통했다. 문집에 '사가집', 저서에 '동인시화', '동문선', '필원잡기' 등이 있다.

서거정에 의하며 자신의 촌사(별장)가 일찍부터 불암산 기슭에 있다 하였다. 하여 수시로 수락산 수락사(흥국사)를 방문하여 놀았는데 매월당 김시습이 수락산에 터를 잡았을 당시에는 자주 방문하여 술잔을 기울인다.

서거정이 흥국사를 방문하고 남긴 기록 중 일부를 실어본다.

수락사에서

산속 옛 절 오래 전에 찾았었는데
손꼽아 헤어보니 지금 삼십 년 되었네
나막신 신고 많은 시간 손과 함께 걸었고
한가함 좋아 긴긴날 스님과 머물렀었네
고운 꽃 가는 대는 그윽한 경계로 잇닿았고
고목과 바위는 작은 절 둘러 안았네
다시 한 번 스님 손잡고 돌아가고 싶은데
소년 시절 왔던 일 꿈처럼 아득하구나

水落寺

山中古寺昔曾遊(산중고사석증유) 屈指如今三十秋(굴지여금삼십추)
步屐多時携客去(보극다시휴객거) 愛閑長日爲僧留(애한장일위승유)

花濃竹細連幽境(화농죽세연유경) 木古巖回擁小樓(목고암회옹소루)

更欲携師一歸去(갱욕휴사일귀거) 少年往事夢悠悠(소년왕사몽유유)

이 시를 살피면 흡사 어디서 본 듯한 느낌이 일어난다. 앞서 김시습 편에서 보았던, '벽에 제하다(題壁, 제벽)'란 작품이다. 서거정이 흥국사를 방문하고 벽에 이 시를 남겨두었던 것이다. 그리고 이 시를 살핀 김시습이 그 곁에 '題壁'을 남긴다.

수락사에서

수락산에 있는 수락사
물 떨어지고 돌 드러나 산중이 저무네
황학 날아가는 곁에 푸른 하늘 가깝고
검은 구름 끄는 곳엔 소낙비 날리네
지난 해 스님 찾아 이곳에 와서 노닐 때
쌓인 눈 골짝 가득했고 산에 달도 희었는데
올해 스님 찾아 이곳에 와서 노닐 땐
바위 가 봄꽃들 피고 지고 하는구나
작년에도 올해도 오고 가는데
산천은 역력하게 지난 날과 같다네
지팡이 의지해 미끄러운 이끼 길 걸으니
샘물 세차게 흘러 겨드랑에 바람 이네

말끔하게 단장한 흥국사 전경

식사 후 예전에 들었던 종소리 들리고

벽 위에 쓰인 시엔 먼지가 가득 끼었네

붉은 소매가 고금에 어찌 유독 구내공뿐이리오

왕공의 호기 적음을 내 한번 비웃노라

이십 년 만에 비로소 벽사롱을 보게 되다니

水落寺

水落山中水落寺(수락산중수락사) 水落石出山中暮(수락석출산중모)

黃鶴去邊近靑天(황학거변근청천) 黑雲拖處飛白雨(흑운타처비백우)

去年尋僧此來遊(거년심승차래유) 積雪滿壑山月白(적운만학산월백)

今年尋僧此來遊(금년심승차래유) 巖畔春花欲開落(암반춘화욕개락)

去年今年自來往(거년금년자래왕) 山川歷歷如昨昔(산천역력여작석)

杖藜一枝苔蹤滑(장려일지태종활) 石泉激激風生腋(석천격격풍생액)

飯後鍾聽舊時聲(반후종청구시성) 壁上有詩塵欲撲(벽상유시진욕박)

紅袖古今豈獨寇萊公(홍수고금개독구내공)

我一笑王公豪氣少(아일소왕공호기소)

二十年來始得碧紗籠(이십년래시득벽사롱)

---

**寇萊公(구내공)** : 송나라의 명재상으로 내국공(萊國公)에 봉해진 구준(寇準)을 가리킨다.

**王公(왕공)** : 당나라의 왕파(王播)를 가리킨다.

**碧紗籠(벽사롱)** : 시구를 푸른 깁에 싸 놓은 것을 이르는 말로, 이는 곧 명사(名士)의 시문을 소중히 보호함을 의미한다. 이와 관련한 이야기 하나 실어본다.

『당나라 왕파가 일찍이 미천했을 적에 집이 몹시 가난하여 양주 혜소사의 목란원에 한동안 머물면서 절밥을 얻어먹고 지냈는데, 나중에는 중들이 그를 싫어하여 그가 오기 전에 밥을 먹어 버리곤 했다
그로부터 20여 년 뒤에 그가 고위 관료가 되어 그 지방을 진무하러 내려가서 옛날에 놀았던 그 절을 거듭 찾아가 보니, 자기가 옛날에 제(題)해 놓은 시들을 모두 깁으로 덮어서 보호하고 있으므로, 그가 다시 절구 2수를 지어 '당에 오르면 밥 다 먹고 동서로 각기 흩어졌기에, 스님네들 식사 후에 종 치는 게 부끄럽더니, 이십 년 동안 얼굴에 먼지 그득 분주하다가, 이제 비로소 푸른 깁에 싸인 시를 보게 되었네' 라고 한 고사와, 또 송대(宋代)의 시인 위야(魏野)가 명상 구준을 수행하여 섬부(陝府)의 사찰에 가 노닐면서 각각 시를 유제(留題, 참관이나 유람을 통해 얻은 의견·감상을 써 놓다)한 적이 있었는데, 뒤에 다시 함께 그 승사에 놀러 가서 보니, 구준의 시는 이미 푸른 깁으로 잘 싸서 보호하였으나, 위야의 시는 그대로 방치하여 벽에 가득 먼지가 끼어 있었으므로, 이때 마침 그 일행을 수행하던 총명한 한 관기가 즉시 자기의 붉은 옷소매로 그 먼지를 닦아 내자, 위야가 천천히 말하기를 "항상 붉은 소매로 먼지를 닦을 수만 있다면, 응당 푸른 깁으로 싸 놓은 것보다 나으리"라고 했던 고사에서 온 말이다.』

**수락사에서**

**(水落寺)**

再尋洞中寺(재심동중사) 다시 골짜기 절 찾아와

坐憑溪上樓(좌빙계상루) 계곡 가 누각에 기대앉으니

水淸石齒齒(수청석치치) 물 맑고 돌은 우툴 두툴하며

雲白山幽幽(운백산유유) 구름 희고 산은 깊고 그윽하네

如逢羽客語(여봉우객어) 신선 만나 얘기 들은 듯했는데

却爲高僧留(각위고승유) 문득 고승의 만류 받았다네

坐久發深省(좌구발심성) 오래 앉아 깊은 깨달음 얻으니

尙想龍門遊(상상용문유) 오히려 용문의 유람 생각나네

## 김정희와 학림사

김정희(金正喜, 1786~1856)는 본관은 경주. 자는 원춘(元春), 호는 추사(秋史)·완당(阮堂)·예당(禮堂)·시암(詩庵) 등 500여 종에 이른다. 1819년(순조 19년) 문과에 급제하여 암행어사, 병조참판, 성균관 대사성 등을 역임하였다. 그러나 그의 삶은 관직에서가 아닌 학문과 예술에서 돋보인다. 학문에서는 실사구시를 주장하였고, 서예에서는 독특한 추사체를 대성시켰다.

문집에 '완당집', 저서에 '금석과안록', '완당척독' 등이 있고, 작품에 '묵죽도', '묵란도' 등이 있다.

---

**羽客(우객)** : 신선 또는 도사를 지칭한다.

**龍門遊(용문유)** : 용문의 유람으로 두보(杜甫)의 유용문봉선사(游龍門奉先寺) 시에, '깨려던 차에 새벽 종소리 들으니, 사람으로 하여금 깊이 깨닫게 하네.' 라고 한 데서 온 말이다.

옆에서 바라본 학림사 모습

### 수락산사에서

(水落山寺)

我見日與月(아견일여월) 나는 해와 달 바라보면서

光景覺常新(광경각상신) 광경이 항상 새로움을 깨닫네

萬象各自在(만상각자재) 만 가지 상 각각 스스로 존재하니

刹刹及塵塵(찰찰급진진) 온 세상 헤일 수조차 없다네

誰知玄廓處(수지현곽처) 누가 아는가 오묘하고 넓은 곳에서

此雪同此人(차설동차인) 이 눈이 이 사람과 하나인 것을

虛籟錯爲雨(허뢰착위우) 빈 퉁소 소리 비 되어 섞이는데

幻華不成春(환화불성춘) 허공에 핀 꽃 봄 이루지 못하네

手中百億寶(수중백억보) 수중에 수많은 보물

曾非乞之隣(증비걸지린) 이웃에서 빌리는 게 아니라네

다수의 사람들이 김정희가 수락산을 방문했던 사실을 모르고 있다. 아니 전혀 연관 짓지 못하고 있다. 그러나 수락산 특히 학림사는 김정희가 자주 방문했던 사찰이다. 그가 그곳을 방문한 사유는 그곳의 주지였던 백파(白坡, 1767년~1852년) 대사로부터 비롯된다.

김정희가 나이 30 세인 1815년에 수락산 학림사에서 당시 학승으로 명성을 날리던 학림사 주지 백파(白坡亘璇, 백파긍선)대사와 선에 관한 논쟁을 벌

**刹刹塵塵(찰찰진진)** : 불가 용어로 무수한 국토 즉 온 세계를 의미

인다. 그 두 사람의 논쟁을 다성(茶聖)으로 일컫는 초의(草衣意恂, 1786~1866) 스님이 주시하는데, 유생으로서 백파와의 논쟁에서 밀리지 않는 추사에게 감격한다.

초의 역시 추사와 동갑으로 이 사건을 계기로 의기투합된 두 사람은 이후 절친한 친구로 생을 이어간다. 또한 두 사람의 선에 관한 논쟁은 조선 후기 선사상 조류에 중대한 영향을 주었다. 그가 남긴 작품 두 편 더 감상해보자.

**운석, 지원과 동반하여 수락산 절에서 함께 놀고 석현에 당도하여 운을 뽑다**

**(同雲石芝園 偕遊水落山寺 到石峴拈韻)**

琅玕芝艸想(낭간지초상) 대나무와 영지 그리워하건만
歲月忽侵尋(세월홀침심) 세월 문득 점점 앞으로 가네
殘雪留鴻爪(잔설유홍조) 남은 눈엔 기러기 발자국 머물고
閒雲引鶴心(한운인학심) 한가한 구름 학의 마음 끌어가네
雙南慙自比(쌍남참자비) 쌍남에 비교하니 부끄러워
一笛許君任(일적허군임) 젓대 하나 그대에게 허락했네

---

**琅玕芝艸(낭간지초)** : 신선들이 사는 낙원을 말함
**雙南(쌍남)** : 쌍남금(雙南金)의 준말로, 황금을 가리킨다.
**小帘(소염)** : '帘'은 주기(酒旗)로서 작은 술집을 말함
**茅柴(모시)** : 탁주

小帘橋頭出(소염교두출) 작은 주막깃발 다리 위에 나타나니

茅柴下馬斟(모시하마짐) 말에서 내려 탁주나 마시세

상기 제목에 등장하는 雲石(운석)은 조인영(趙寅永, 1782~1850)의 호다. 그는 조선 후기 형 조만영과 함께 풍양 조 씨 세도의 기반을 구축한 인물로 우의정, 영의정 등을 역임했다. 또한 芝園(지원)은 조수삼(趙秀三, 1762~1849)의 호로 본관은 한양이며 중인 출신의 여항시인이다.

당대의 세도가인 조인영, 중인 출신 조수삼 그리고 승려들을 살피면 김정희의 사고의 자유는 물론 폭넓은 대인관계를 엿볼 수 있다.

수락산사에서

바람의 신 세상 돌려 사람들 미혹하게 하고

장차 도표 없애 동과 서 착각하도록 하네

말 잊은 지 오래라 사방 산 고요한데

누가 기회와 인연 보내 새 한 마리 우짖나

열화 같은 관직과 고요한 세상은 평등한데

황벽과 조계 거침없이 오간다네

흙과 산, 물과 불은 염해와 같으니

이 일에 수 낮아 그대에게 양보하네

## 水落山寺

轉世風輪導衆迷(전세풍륜도중미) 却將表所眩東西(각장표소현동서)

久忘言說千山寂(구망언설천산적) 誰遣機緣一鳥啼(수견기연일조제)

平等熱關仍淨界(평등열관잉정계) 揭來黃蘗與曹溪(걸래황벽여조계)

土山水火如拈解(토산수화여염해) 且讓輪君此着低(차양수군차착저)

---

**風輪(풍륜)** : 불교에서 말하는 바 이 세계를 받치고 있는 땅속의 3륜(輪) 가운데 가장 밑에 있다는 수레바퀴로, 밑바닥으로 전락한 말세의 양상을 뜻하는 말이다.

**황벽과 조계** : 황벽은 산 이름으로 당 나라 단제선사(斷際禪師) 희운(希運)의 별칭임. 그곳에 황벽종과 조계종이 있다.

**拈解(염해)** : 불교 교리에 깨달음의 경지에 오름을 의미

# 수락산을 알아본 사람들

◎

이 장에서는 비록 수락산에 터를 잡거나 또 자주 찾지는 못했지만 수락산을 방문하고 승경에 취하여 기어코 기록을 남긴 사람들의 작품을 실어본다. 물론 많은 사람들이 다녀가고 작품을 남겼지만 역시 수락산의 진면목을 그리는 작품만 엄선하여 싣는다.

## 수락산 폭포를 보고

(觀水落山瀑布)

유숙(柳潚, 1564~1636)

茲山名水落(자산명수락)　이 산 이름 수락인데
中有別乾坤(중유별건곤)　속은 별천지라네

攀木入危磴(반목입위등) 나무잡고 험한 비탈 들어

緣溪過小村(연계과소촌) 시내 따라 조그만 마을 지나니

負圭龜背伏(부규귀배복) 홀 진 거북 등 엎어지고

削玉獸形蹲(삭옥수형준) 옥 깍은 짐승 형상 쭈그렸네

雨後明沙色(우후명사색) 비 온 뒤 모래 색 밝고

秋來瘦石痕(추래수석흔) 가을이라 돌 흔적 희미하네

遙看橫瀑布(요간횡폭포) 멀리서 가로지른 폭포 바라보며

無路覓淵源(무로멱연원) 연원 찾으나 길 없네

狀似銀河決(상사은하결) 모양은 은하 터진 듯하고

聲如鐵馬奔(성여철마분) 소리는 철마 달리듯 하네

跳波珠破碎(도파주파쇄) 튀는 물방울 구슬 깨트리고

飛沫雪飄翻(비말설표번) 나는 물거품 눈처럼 흩날리네

潭淨還疑鏡(담정환의경) 못 맑아 거울로 의심하니

巖窪可作尊(암와가작준) 오목한 바위 술통으로 가능하네

長吟濯纓曲(장음탁영곡) 탁영곡 길게 읊고

獨翫洗頭盆(독완세두분) 홀로 세두분 구경한다네

止水知禪味(지수지선미) 고인 물은 선의 오묘한 맛 알고 있어

觀瀾仰聖門(관란앙성문) 물결 바라보며 성인의 도 우러르네

遊魚方自樂(유어방자락) 노니는 물고기 절로 즐거워 이리저리

浴雀莫爭喧(욕작막쟁훤) 목욕하는 참새 시끄럽게 다투지 않네

詩得精神助(시득정신조) 시 지어 정신에 도움 얻으니

人忘造物煩(인망조물번) 사람은 세상의 번거로움 잊네

從今掛冠帶(종금괘관대) 이제부터 관직에서 벗어나

於此卜田園(어차복전원) 이곳에서 시골생활 기원하네

且與朱陳近(차여주진근) 또 주진과 더불어 가까우니

何愁嫁子孫(하수가자손) 시집가는 자손 어찌 근심하리

유숙은 병조참지, 대사간, 부제학, 형조참판 등을 역임하였다. 야담을 집대성한 '어우야담'의 저자 유몽인(柳夢寅)이 그의 숙부로 유몽인의 역모에 연좌되어 유배당하고 이어 특명으로 방면되어 병조 참판에 제수되었으나 다시 관직에 발을 들이지 않았다.

이 작품은 바로 그 시기에 수락산을 찾고 남긴 것으로 보이는데 수락산 폭포는 글 내용을 세밀하게 살피면 옥류폭포를 지칭하는 듯하다. 앞서 남용익이 옥류폭포에 간폭정을 지으며 그곳의 형상에 대해 '폭포가 떨어져 형성된 소가 있고 그 왼쪽에는 엎드린 거북처럼 생긴 바위가 있었다.'고 한 바 있다.

---

**洗頭盆(세두분)** : 돌이 확처럼 오목하게 파인 곳으로 머리 감는 동이

**禪味(선미)** : 불자가 조용히 앉아서 진리를 직관하는 참선의 취미를 말한다.

**觀瀾(관란)** : 《맹자》〈진심 상(盡心上)〉에 '물을 보는 데에 방법이 있으니, 반드시 출렁이는 물결을 보아야 한다.(觀水有術 必觀其瀾)' 라는 말이 있는데, 물결 가운데에 도(道)의 근본이 있다는 뜻이다.

**朱陳(주진)** : 당나라 백거이의 시 주진촌(朱陳村)에 나오는 옛 마을의 이름으로, 한마을에 주씨(朱氏)와 진씨(陳氏) 두 성씨만 살면서 대대로 서로 혼인했다 한다.

## 수락폭포를 방문하고

(訪水落瀑布)

신익성(申翊聖, 1588~1644)

水落山名古(수락산명고) 수락산 이름 오래되었는데

尋幽數子同(심유수자동) 그윽함 찾아 몇 사람 함께했네

一筇秋色裏(일공추색리) 지팡이 집고 가을 경치 음미하니

孤磬夕陽中(고경석양중) 외로운 풍경 석양 속에 있네

步屧疑無地(보섭의무지) 천천히 걸으니 땅 없는 듯하고

飛川望若空(비천망약공) 빠른 시냇물 허공인양 바라보네

秪林巖壑靜(지림암학정) 때마침 숲에 바위 골짝 고요하니

晩篴倚長風(만적의장풍) 바람타고 저녁 피리소리 들려오네

신익성은 조선조 한문사대가인 신흠(申欽, 1566~1628)의 아들로 병자호란 때 척화오신의 한 사람이다. 12세에 선조의 딸 정숙옹주와 결혼하여 동양위(東陽尉)에 봉해졌는데, 어려서부터 재질을 인정받은 그가 선조의 부마로 뽑히자 주변 사람들이 장래의 명재상감이 사라졌다며 심지어 개탄까지 하였다. 당시에는 왕의 사위는 의빈(儀賓, 국왕이나 왕세자의 부마를 관제상 지칭한 말)이라 하여 벼슬할 수 없었기 때문이었다.

하여 선조는 과거를 보면 당연히 장원급제할 터인데 못하게 만든 것이 미안해 대신 장원을 뽑을 수 있도록 시관(試官, 과거 시험관)을 시켜준다.

## 수락산을 지나며 느낌이 있어, 즉 김시습이 은거하여 머물던 곳이다

박세채(朴世采, 1631~1695)

고죽의 맑은 바람과 중옹이 버린 권세

이 사람 기이한 행적 고금이 어여삐 여기네

동봉 폭포는 여전히 옛날과 같건만

절에 한 번 묵은 인연 부끄럽게 만드네

過水落山有感 卽金東峯棲隱處

孤竹淸風仲雍權(고죽청풍중옹권) 斯人奇迹古今憐(사인기적고금련)

東峯瀑布猶依舊(동봉폭포유의구) 媿殺伽藍一宿緣(괴살가람일숙연)

박세채는 박세당의 팔촌 동생으로 공조참판, 대사헌, 이조판서, 우참찬 등을 역임하였다. 앞 시에 등장한 신익성의 누이가 그의 어머니로 일찍이 이이(李珥, 이율곡)의 문묘종사를 반대하는 상소에 대해 신랄하게 비판하는 글을 올렸다. 이에 대한 효종의 답 속에 선비를 박대하는 글이 있자, 이에 분개하여 과거공부를 포기했었을 정도로 강직한 인물이다. 숙종이 종친들을 지나치게 총애하자 당당하게 그를 지적하였고 또한 장희빈의 아들(경종)을 세자로 세우고자 하는 숙종에게 맞서다 결국 축출당하기도 했다.

---

**孤竹淸風(고죽청풍)** : 중국 고죽군(孤竹君)의 아들인 백이와 숙제의 청절과 고풍

**仲雍(중옹)** : 주(周) 나라 태왕(太王)의 아들. 그 형 태백(太伯)과 더불어 왕위를 사양하고 형제가 함께 오(嗚) 나라로 들어가서 단발문신(斷髮文身)하였다.

## 수락산에서 놀며

(遊水落山)

김만기(金萬基, 1633~1687)

하나

石逕纔投足(석경재투족) 돌 비탈길에 발 들이자마자

溪流可洗心(계류가세심) 흐르는 시내에 마음 씻을 수 있네

林深藏宿雨(림심장숙우) 깊은 숲은 장맛비 감추고

谷邃答高吟(곡수답고음) 깊은 골은 크게 읊으며 답하네

是處眞堪老(시처진감로) 이곳에서 참으로 노년 보낼만하니

他時擬重尋(타시의중심) 다른 해 다시 찾아오리라

長康千載語(장강천재어) 장강의 천년 이야기

誦罷一披襟(송파일피금) 외우고 나서 가슴 열어젖히리

둘

已到猶嫌晩(이도유혐만) 도착하여 때 늦은 걸 한했고

臨分剩作愁(임분잉작수) 이별 앞두고 근심 짓는다네

居然別丹嶂(거연별단장) 슬그머니 붉은 산과 이별하니

還似阻青眸(환사조청모) 오히려 정다운 눈빛 막히는 듯하네

崖仄瀑拖練(애측폭타련) 폭포에 기운 언덕 베처럼 뻗쳤고

雲橫山失頭(운횡산실두) 산 가로지른 구름 정상 가리네

應知後夜夢(응지후야몽) 밤 꿈꾼 후 마땅히 알 일이지만

長向此中遊(장향차중유) 오래도록 이 가운데서 놀리라

김만기는 예학의 대가 김장생(金長生)의 증손으로 숙종의 정비인 인경왕후의 아버지다. 또한 대제학을 역임했고 '구운몽'·'사씨남정기' 등의 소설을 집필한 김만중(金萬重, 1637~1692)의 형이다. 그는 동생은 물론 아들 진규(鎭圭), 손자 양택(陽澤)의 3대가 대제학을 역임한 것으로 유명하다.

그의 딸인 인경왕후가 20세에 졸하자 이후 계비인 인현왕후를 중심으로 하는 서인과 희빈 장 씨를 중심으로 하는 남인이 대립하여 기사환국과 갑술환국 등 조선 역사의 비극을 초래하게 된다.

이 대목에서 김만기의 어머니에 대해 살펴본다. 그녀는 해남부원군(海南府院君) 윤두수(尹斗壽)의 4대손이고, 영의정을 지낸 문익공(文翼公) 방(昉)의 증손녀이고, 이조참판 지(墀)의 딸로 명문가의 여인이었다.

그런데 남편 김익겸(金益兼, 1615~1637)이 김만기가 5세 때 그리고 김만중이 뱃속에 있을 때, 즉 병자호란 당시 강화도에서 섬을 사수하며 항전을 계속하다 전황이 불리해지자 스물셋이란 나이에 자분(自焚, 화약을 폭발시켜 스스

---

**長康(장강)** : 진(晉) 나라 때 화가 고개지(顧愷之)를 의미한다. 고개지가 회계 지방에서 돌아와, 그곳의 산천이 얼마나 아름다웠느냐고 묻는 어떤 사람의 말에 대답하기를, "일천 바위가 다투어 솟아 있고 일만 계곡에는 물이 급히 흐르는데, 그 위쪽에는 초목이 무성하여 마치 구름이 피어나고 노을이 뭉친 것 같았다."라고 하여 회계산의 승경을 찬미하였다. 여기서는 수락산의 아름다움을 고개지의 말을 빌려 드러낸 것으로 풀이된다.

로 목숨을 끊음)하였다.

그러자 아버지 없는 두 아들은 전적으로 그녀의 몫이 되었는데, 그녀는 조선 사회에서 보기 드문 인텔리로 자식들에게 '소학'·'사략(史略)'·'당률(唐律)' 등을 직접 가르칠 정도였고 자식 교육에 모든 정성을 쏟았다.

궁색한 살림 중에도 자식들에게 필요한 서책을 구입함에 값의 고하를 묻지 않았으며, 또 이웃에 사는 홍문관 서리를 통해 책을 빌려내어 손수 등사하여 교본을 만들기도 하였다. 결국 어머니의 정성으로 두 아들은 대제학의 지위까지 오르게 된다. 그녀, 한국의 대표 어머니로 불러도 손색없을 정도다.

수락산에서 간결하게 짓다

이서우(李瑞雨, 1633~?)

한가한 날 틈 내어 말머리 동으로 하니
이 산 옛날에 범왕궁 있었네
등나무 얽힌 좁은 길 나무꾼 힘들게 가고
삐죽한 바위 하늘로 솟아 산세 왕성하네
벼랑에 걸린 어지러운 폭포 흰 명주 끌어놓았고
물가 온갖 꽃들 선명한 무지개에 잠기네
길에 앉아 술 마시고 푸른 이끼에 누우니
저녁 바람 울려 소나무 숲 깨닫지 못하네

水落山口號

暇日乘閑馬首東(하일승한마수동) 玆山舊有梵王宮(자산구유범왕궁)

藤梢挾路樵行窄(등초협로초행착) 石骨撑天嶽勢隆(석골탱천악세융)

亂瀑懸崖拖素練(난폭현애타소련) 雜花臨水蘸晴虹(잡화임수잠청홍)

一樽徑藉蒼苔卧(일준경자창태와) 不覺松林響夕風(불각송림향석풍)

이서우는 서인이 중심 되어 광해군을 폐위시키고 인조를 왕위에 앉힌 '인조반정' 이후 대북 가문 출신으로는 처음으로 청직(淸職, 학식과 문벌이 높은 사람이 맡는 관직)에 오른 것으로 유명하다. 그러나 여러 풍파를 겪으며 병조참의, 황해도관찰사 등을 역임했다. 후일 앞서 등장했던 최석항의 형인 최석정(崔錫鼎)에 의하여 청백함을 인정받아 서용하라는 명령이 임금으로부터 내려졌으나 현직에 나아가지는 못하였다.

수락산 도중에

김석주(金錫胄, 1634~1684)

좁은 길 꺾인 벼랑 돌부리 삐죽하고

시냇물 콸콸 흐르는 수락산

---

**梵王宮(범왕궁)** : 불교의 이상 세계

김시습이 예전에 은거했던 곳
너무나 외져 오르기 어렵네

水落山途中

徑折崖橫石(경절애횡석) 溪喧水落山(계훤수락산)
東峯昔隱處(동봉석은처) 孤絶更難攀(고절갱난반)

김석주는 대동법을 실시한 김육(金堉, 1580~1658)의 손자로 이조판서, 우의정 등을 역임했다. 앞서 등장했던 신익성의 딸이 그의 어머니다. 이와 관련하여 이야기 한 토막 실어본다.

『부마로 벼슬길에 나갈 수 없던 신익성이 마음이 울적하여 잠곡(경기도 청평)에 은거한 김육을 방문한다. 그런데 바로 그 날 밤에 김육의 부인이 남자 아기를 낳는다. 그 아기가 김석주의 아버지인 김좌명(金佐明)이다. 그를 살핀 신익성이 그 자리에서 제안한다. 자신에게도 낳은 지 얼마 되지 않은 딸이 있는데 후일 성장하면 배필로 맺어주자고. 그리고 후일 김좌명과 신익성의 딸이 가례를 올리고 김석주가 태어난다.』

**경명, 양겸, 제겸, 언겸, 명행, 춘행 그리고 비겸과 함께 수락산에서 노닐다**

**(與敬明, 養謙, 濟謙, 彦謙, 明行, 春行, 卑謙。遊水落)**

김창업(金昌業, 1658~1721)

久識玉流勝(구식옥류승) 오랫동안 옥류동 경치 알았는데

曾無十里間(증무십리간) 일찍이 십리 사이 왕래 없었네

貽書起病弟(이서기병제) 편지 보내 병든 아우 일으켜

并馬入寒山(병마입한산) 말 가지런히 하여 겨울 산에 드네

轉轉松蘿密(전전송라밀) 빽빽한 소나무와 칡덩굴 전전하며

行行笑語閑(행행소어한) 한가하게 웃고 이야기하며 가고가네

留連應到夜(유련응도야) 미적거리니 당연히 밤에 도착하여

乘月宿禪關(승월숙선관) 달빛 받으며 절에서 묵는다네

김창업은 당파 싸움에 사사된, 김수흥 편에 등장했던 김수항(金壽恒)의 넷째 아들이다. 어려서부터 창협(昌協), 창흡(昌翕) 등 형들과 함께 학문을 익혔다. 벼슬길에 나아가지 않고 송계(松溪, 성북구 장위동)에 은거하여 거문고와 시 짓기를 즐기며 사냥을 낙으로 삼았다.

앞에 등장하는 경명은 동생인 창즙이고 양겸은 창흡의 아들이며, 제겸은 큰 형인 창집의 아들, 언겸은 창업의 아들이다. 명행과 춘행은 손자 뻘 되는 인물들이고 비겸은 창업의 서자다.

글 내용을 살피면 아마도 동생인 창즙이 병에 걸렸던 모양이다. 하여 동생과 함께 아이들을 대동하고 수락산 옥류동을 방문하고는 감회를 시로 남긴다.

## 18일 수락산에 가며

(十八日。往水落山)

이병연(李秉淵, 1671~1751)

晨興視殘月(신흥시잔월) 새벽에 일어나 지는 달 바라보니

半窺西嶺頭(반규서령두) 서쪽 언덕 꼭대기 반쯤 걸쳤네

悠哉我有行(유재아유행) 가야할 길 아득히 뻗었고

百里豆川流(백리두천류) 백리에 걸쳐 두천 흐르네

果腹田家食(과복전가식) 시골집에서 배부르게 먹고

草韉加黃牛(초천가황우) 황소 등에 언치 얹네

出門無所礙(출문무소애) 문 밖 나서니 거칠 것 없어

高歌浩自由(고가호자유) 소리 높여 마음껏 노래하네

迢迢水落山(초초수락산) 멀고 아득한 수락산

秀色滿楊州(수색만양주) 빼어난 자태 양주에 가득하네

이병연은 김창흡의 제자로 영조 시대 최고의 시인으로 일컬어졌다. 화가인 겸재(謙齋) 정선(鄭敾, 1676~1759)과는 죽마고우이며 돈독한 우정으로 널리

---

**豆川(두천)** : 지금의 중랑천 지류다. 신증동국여지승람 '중량포(中梁浦)'에 '양주 독두천(獨豆川)의 하류이다'라는 기록이 있다.

**草韉(초천)** : 韉(천)은 안장 밑에 깔아 등을 덮어 주는 방석 즉 언치로 초천은 풀로 만든 언치를 지칭한다.

알려져 있다. 하여 이병연은 정선의 그림을 소장한 뒤 되팔거나 중개를 통해 생긴 돈으로 1500권에 이르는 방대한 중국 서적을 소장했다고 한다.

**경보 최성서, 경숙 홍구채, 계통 이집과 함께 옥류동에서 놀고, 운자를 나누어 '연'자를 얻다.**

어유봉(魚有鳳, 1672~1744)

수락산 동쪽 언덕 한 신선 사는 고을
옥 흐르는 형세 예부터 지금까지 전하네
나는 물결 바위에 떨어져 푸른 대나무 울리고
튀는 물방울 숲에 나부껴 흰 연기 넘치네
봄놀이에 긴긴 밤 사라지겠는가
생각하건데 구름에 누워 오랜 세월 보내려네
술통 열어 흔쾌히 기울이니 배꽃 하얗고
이미 자네들 좋은 시구 이루려 함 알았네

**與崔景甫 星瑞, 洪敬叔 九采, 李季通 潗。游玉流洞。分韵得烟字。**

水落東厓一洞天(수락동애일동천) 玉流形勢古今傳(옥류형세고금전)
飛湍落石鳴綠竹(비단락석명록죽) 亂沫飄林漲雪烟(난말표림창설연)
可但春遊消永夕(가단춘유소영석) 却思雲卧度長年(각사운와도장년)

開尊快倒梨花白(개준쾌도이화백) 已覺諸君好句圓(이각제군호구원)

어유봉은 김창협의 제자로 천안군수, 사복시정, 호조참의, 승지 등을 역임했다. 어린 시절 사마시에 합격하는 과정에 과거 시험의 부정을 보고 대과 응시를 단념할 정도로 성정이 강직한 인물로 평가된다. 또한 그는 독서와 마찬가지로 산을 상당히 좋아했던 것으로 알려지고 있다.

아울러 상기 제목에 등장하는 인물들은 김창협의 제자들로 보여진다. 최경보와 홍경숙은 한미한 벼슬을 지냈으며 이집(1670~1727)은 청주목사, 승정원승지, 황해도관찰사를 역임하였다.

비 내린 후 옥류동에서

이병성(李秉成, 1675~1735)

청량한 옥류동 사람 자취 드물고

한 줄기 여울 사면 봉우리에 날리네

찬란한 자취 빛 차지며 희미하게 햇살 비치고

폭풍우 약해지며 오히려 소나무 흔드네

숲속 도착한 나그네 힘들게 좁은 길 지나니

꼭대기 절 멀리서 종소리 들리네

호곡 노인 잠시 놀았던 일 내 비로소 보았으니

명산에서 좋은 시 만나기 어찌 드물겠는가

玉流洞雨後

泠泠玉洞少人蹤(영령옥동소인종) 一道飛湍四面峰(일도비단사면봉)

紫翠輝寒稀照日(자취휘한희조일) 風雷勢減尙搖松(풍뢰세감상요송)

中林客到纔通徑(중림객도재통경) 絶頂僧居遠有鐘(절정승거원유종)

壺老乍遊吳始見(호로사유오시견) 名山何濶好詩逢(명산하활호시봉)

이병성은 앞서 등장했던 이병연(李秉淵)의 동생으로 역시 김창흡(金昌翕)의 제자다. 공조정랑, 부사 등을 역임하였다.

이 대목에서 옥류동(玉流洞)에 대한 부연 설명 곁들인다. 동시대에 인왕산 기슭의 지명 역시 옥류동(玉流洞)이었다. 그곳에는 앞서 등장했던 김수항이 자주 머물렀었다. 하여 당시 글을 남긴 사람들은 어느 곳에 있는 옥류동인지를 남기고는 하였는데, 상기 작품에서는 수락산 대신 그곳 터줏대감인 壺老(호로) 즉 남용익을 언급했다. 그런 연유로 수락산 옥류동으로 판단했다.

비 온 뒤 수락산을 방문하고

(雨後訪水落山)

오원(嗚瑗, 1700~1740)

幽尋諧夙賞(유심해숙상) 그윽한 곳 찾아 즐기려는데

時雨過前林(시우과전림) 때맞추어 오는 비 앞 숲 지나네

嶽翠迎人近(악취영인근) 푸른 산은 가까이서 사람 맞이하고

川流渡馬深(천류도마심) 흐르는 냇물 깊어 말 타고 건넌다네

郊原逈生態(교원형생태) 들판은 아스라이 맵시 나고

雲靄浩難禁(운애호난금) 구름은 걷잡을 수 없이 아득하네

稍識招提路(초식초제로) 절 가는 길 정확히 모르는데

松間出磬音(송간출경음) 소나무 사이에서 경쇠소리 들려오네

오원은 문장이 깨끗한 절개를 지녔다 하여 진정한 유신(儒臣)이라는 평을 들었던 인물로 이조좌랑, 부제학, 공조참판 등을 역임하였다. 앞서 등장했던 김창협의 딸이 그의 어머니이다. 또한 앞서 등장했던 이희조는 김창협과 처남매부지간이다. 아울러 오원은 자주 수락산과 영지동을 방문하고 기록을 남긴다. 이번에는 오원이 아마도 수락산 석천동을 방문한 모양이다. 이어지는 시가 그를 암시한다.

### 석천동을 방문하고, 돌아오는 길에 운에 따라 함께 짓다

(訪石泉洞。歸路命韻共賦)

오원

---

**招提(초제)** : 사찰

古洞深楊柳(고동심양류) 옛 골짜기 깊이 버드나무 늘어졌고
春崖長薜蘿(춘애장벽라) 봄 벼랑에 등 넝쿨 길다네
清溪送人遠(청계송인원) 맑은 시내에서 사람 멀리 보내니
落照出山多(낙조출산다) 석양은 산에서 많이도 나오네
棲鳥如相命(서조여상명) 깃든 새는 서로 부르는 듯하고
歸樵各自歌(귀초각자가) 돌아온 나뭇꾼 각자 노래하네
村村花樹映(촌촌화수영) 마을마다 꽃나무 비치는데
幽意惜經過(유의석경과) 그윽한 뜻 애석하게 지나가네

## 헌가 이헌보와 함께 수락산 옥류동을 방문하고

(偕李獻可 獻輔 訪水落山玉流洞)

송문흠(宋文欽, 1710~1752)

清淺東來水(청천동래수) 동쪽에서 온 맑고 옅은 물
平鋪石上流(평포석상류) 평평하게 깔린 돌 위 흘러
蜿蟺垂百尺(완선수백척) 구불구불 백척에 드리우며
琮琤落一湫(종쟁락일추) 졸졸 거리며 한 못에 떨어지네
倚杖終永夕(의장종영석) 지팡이 집고 긴 밤 새우려
欲去還復留(욕거환부유) 떠나려다 돌아와 다시 머무니
古壁有大字(고벽유대자) 옛 벽에 큰 글자있고
山月照千秋(산월조천추) 산 달은 오랜 세월 비추네

송문흠은 동춘당(同春堂) 송준길(宋浚吉)의 4세 손으로 형조좌랑, 문의현령을 역임하였다. 붕당에 혐오감을 지니고 일찌감치 벼슬을 포기하고 초야에 묻혔다. 상기 시 제목에 등장하는 이헌보(李獻輔, 1709~1731)는 월사 이정구의 후손으로 앞서 등장했던 이희조의 손자다. 이헌보 역시 18세에 진사시에 합격하였으나 붕당에 혐오감을 지니고 일찌감치 초야에 묻혔다.

### 사술 채홍리와 여초 이원회와 수락산에서 놀다 덕사(흥국사)에 도착하다

목만중(睦萬中, 1727~1810)

아침 해 칼 빛 숲에 비치자
오래 된 높은 누각 스님 기거하네
금 불상 모신 작은 감실 화롯불 찬데
기린석상 놓인 옛무덤 고을 문 비었네
낭떠러지에서 물 떨어져 물레방아 울리고
향적에서 연기 피니 이슬 젖은 채소 따네
스님이 짧은 지팡이 주고 노비는 짚신 사니
옥 흐르는 좋은 경치에 마음 여유롭네

**與蔡士述, 李汝初 元會。游水落山到德寺**

光芒早旭照林初(광망조욱조림초) 萬歲樓尊大士居(만세루존대사거)

金佛小龕爐火冷(금불소감로화냉) 石麟高塚洞門虛(석린고총동문허)

懸崖水落鳴雲碓(현애수락명운대) 香積烟生擷露蔬(향적연생힐노소)

僧進短笻奴買屨(승진단공노매구) 玉流淸賞意方餘(옥류청상의방여)

목만중은 신유사옥 때 대사간으로서 천주교도들에 대한 박해와 탄압을 주도한 인물이다. 이와 관련 신유사옥 당시 강진으로 유배가서 18년 동안 머물렀던 다산 정약용(丁若鏞, 1762~1836)은 그의 '묘지명 비본'에 목만중을 가리켜 '악당(惡黨)' 또는 '음사(陰邪)한 사람'으로 기록한 바 있다.

시 제목에 등장하는 사술은 채홍리(蔡弘履, 1737~1806)로 대사간, 대사헌, 형조 · 공조 판서를 역임했다. 이원회에 대한 기록은 남아 있지 않다.

### 수락동천에서

(水落洞天)

이채(李采, 1745~1820)

纔返金剛路(재반금강로) 금강로에서 돌아오자마자

---

**石麟(석린)** : 돌로 조각한 기린

**香積(향적)** : 승려들이 음식 만드는 곳

**進(진)** : '나아가다'라는 의미로 많이 쓰이지만 '선물'이라는 의미도 있다. 글 내용 전체를 살피면 선물의 의미가 타당하리라 본다.

仍尋水落時(잉심수락시) 물 빠질 때 찾았네

烟霞元痼癖(연하원고벽) 연기와 안개는 고질병에 으뜸이고

山海好襟期(산해호금기) 산과 바다는 흉금 털어놓기 좋다네

大觀難爲勝(대관난위승) 웅장함에 있어 제 일경이라 하기 어렵지만

玆遊亦自奇(자유역자기) 이번 유람 또한 절로 기이하네

空林人不見(공림인불견) 빈 숲에 사람 보이지 않는데

梅老有遺祠(매로유유사) 매월당 자취 서린 사당 있네

이채는 음죽현감, 황주목사, 호조참판, 한성부좌윤을 역임하였다. 음죽현감 당시 무고로 한때 벼슬을 그만두고 귀향하여 학문에 전념함과 동시에 가업을 계승하는 데 힘썼다. 서울시 용산구 국립중앙박물관에 있는 이채의 초상화는 2006년 대한민국 보물 제1483호로 지정된 바 있다

수락동천은 시의 마지막 부분에서도 암시되고 있지만 지금의 장암 즉 석천동 계곡을 지칭한다. 심조(沈潮, 1694~1756)의 '도봉행일기'(道峯行日記)를 살피면 여러 사람과 함께 수락동천의 승경을 감상하고 청절사를 배향하고 돌아온 것으로 기록되어 있다.

또한 금강로는 노원구 공릉동과 남양주시 별내면의 경계인 담터 사거리 주변에서 시작하여 강원도 철원군 근남면에 이르는 도로이며 금강산로(金剛山路)로 불리기도 하였다.

---

**洞天(동천)** : 도가에서 말하는 신선이 산다는 별천지

**大觀(대관)** : '널리 보아'로도 번역 가능하지만 필자는 앞서 박세당의 변에 따라 장관 즉 웅장함을 선택했다.

## 수락산에서

박윤묵(朴允墨, 1771~1849)

수락산 동으로 오니 그야말로 명산이라
우뚝 솟은 뭇 봉우리 우열 가릴 수 없네
서리 내린 후 장쾌함 지나치게 드러나고
하늘가 아득하여 얼굴 활짝 펴게하네
평생 몇 번이나 맑은 가을 꿈 꾸었던가
반나절의 한가함조차 누릴 수 없었다네
단풍 숲에 흰 구름 삼십 리 뻗었으니
지팡이 집고 곳곳마다 참으로 오를만하이

## 水落山

東來水落是名山(동래수락시명산) 萬丈羣峯伯仲間(만장군봉백중간)
霜後崢嶸偏露骨(상후쟁영편노골) 天邊縹緲欲開顔(천변표묘욕개안)
平生幾結淸秋夢(평생기결청추몽) 未死纔偸半日閒(미사재투반일한)
紅樹白雲三十里(홍수백운삼십리) 拄笻處處正堪攀(주공처처정감반)

박윤묵은 동지중추부사(同知中樞府事), 곡산부사(谷山府使), 평신진(平薪鎭, 충청남도 서산시 대산읍 화곡리 반곡마을에 설치되었던 진) 첨절제사(僉節制使)를 역임했다. 서예에도 조예가 깊어 왕희지·조맹부의 서체를 이어받았고, 시문(詩文)에 뛰어났다.

### 수락산 흥국사를 방문하여, 그때 영명이 먼저 절에 있었다

(訪水落興國寺。時永明先在寺中)

홍석주(洪奭周, 1774~1842)

郊扉揜幽寂(교비엄유적) 시골집에서 그윽하고 고요함 가리니
清月屢缺圓(청월루결원) 맑은 달 여러 번 차고 기울었고
暄風起我病(훤풍기아병) 따뜻한 바람에 병상에서 일어나니
韶景似去年(소경사거년) 화창한 봄 지난해와 흡사하네
江皋乍隱見(강고사은견) 강 언덕 얼핏 설핏 보이더니
山路始攀緣(산로시반연) 산길에서 더 위 잡고 오르며
移筇惜芳草(이공석방초) 방초 소중히 여기며 지팡이 옮기고
縱目欣平川(종목흔평천) 평평한 시내 즐겁게 바라보네
層巒聳晴空(층만용청공) 층층의 봉우리 맑은 하늘에 솟았는데
矯若鵬嘴褰(교약붕주건) 붕새 부리 올린 듯 빼어났고
泉聲濯飛壒(천성탁비애) 샘물 소리 나는 티끌 씻어내니
石氣盤蒼煙(석기반창연) 돌 기운에 푸른 연기 서리었네
欣言識舊面(흔언식구면) 기뻐하는 말 면식 있음 아는데
拱揖來羣仙(공읍래군선) 스님들 두 손 잡고 인사하며 오니

招提亦已近(초제역이근) 사찰 역시 이미 가까워

白衲迎我前(백납영아전) 흰 승복 입고 앞에서 영접하네

卯君和余懶(묘군화여라) 묘군은 내게 게으르라

寄聲下諸天(기성하제천) 온 세상에 소식 전하고

壎篪遞逸響(훈지체일향) 훈과 지 번갈아 맑은 소리 내니

磵壑同冷然(간학동냉연) 시냇가 골짜기 상쾌하네

却憶金陵舘(각억금릉관) 금천 객사 문득 떠오르니

官燈照孤眠(관등조고면) 관 등불 외로이 잠든 객 비추고

蒼生望蘇息(창생망소식) 모든 사람 소동파 바라보나

那得賦歸田(나득부귀전) 어찌 귀전부 얻을 것인가

홍석주는 대제학, 이조판서, 좌의정 등을 역임하였다. 제목에 등장하는 영명은 홍석주의 동생으로 정조(正祖)의 딸 숙선옹주(淑善翁主)와 결혼하여 영명위(永明尉)에 봉해진 홍현주(洪顯周, 1793~1865)를 지칭한다. 내용을 살피면 형제 간 우의가 상당히 돈독한 듯 보인다.

---

**鵬噣褰(붕주건)** : 한유(韓愈)의 시에 '뚝 떨어져 솟은 절벽 깎아지른 듯하고, 바다에 목욕한 붕새가 부리를 올리는 듯하네. (孤撑有巉絕 海浴褰鵬噣)'라는 구절이 나온다.

**卯君(묘군)** : 묘년(卯年)에 태어난 사람을 일컫는 말로, 본디 소식(蘇軾)이 기묘년에 태어난 아우 소철(蘇轍)을 묘군이라 칭했던 데서 비롯되었고 훌륭한 아우라는 의미다.

**壎篪(훈지)** : 훈지상화(壎篪相和, 형이 훈이라는 악기를 불면 아우는 지라는 악기를 불어 화답한다)로 형제 혹은 친구 사이의 화목과 조화를 비유할 때 쓰는 표현

## 수락산을 나서며

(出水落山)

홍석주

經年卧江干(경년와강간) 한 해 다 가도록 강변에 누웠더니

滄波在庭軒(창파재정헌) 집 마당에 푸른 물결 넘실대고

尙嫌山不深(상혐산불심) 산 깊지 않아 마음에 걸렸는데

時聞車馬喧(시문차마훤) 때로 차마의 시끄러운 소리 듣네

名峯秀東維(명봉수동유) 빼어난 봉우리 동편으로 솟고

蒼翠鎖朝昏(창취쇄조혼) 푸르른 빛 조석으로 둘렀으니

晴嵐入輕策(청람입경책) 아지랑이 이는 가벼운 지팡이

扶我出松門(부아출송문) 나 부축하여 솔 문 나서네

千林互迎送(천림호영송) 숲은 서로 맞이하고 보내며

百谷爭吐呑(백곡쟁토탄) 계곡은 토하고 삼킴 다투네

層巒削萬仞(층만삭만인) 겹쳐 있는 산 만길 깎아내니

積氣蟠厚坤(적기반후곤) 쌓인 기운 대지에 서리네

江河浩無際(강하호무제) 강과 하수처럼 끝없이 넓으니

此中涵眞源(차중함진원) 이 속에 참 근원 담겨있네

仙洞標嘉名(선동표가명) 선동은 아름다운 이름 나타내니

玉友聯金昆(옥우연금곤) 옥우는 금곤과 함께하였네

山有隱仙, 玉流, 金流三洞(산유은선, 옥류, 금류삼동)

산에는 은선, 옥류, 금류 삼 동이 있다

逈立風珮動(형립풍패동) 멀리서 풍경소리 들리니

倒瀉天漢奔(도사천한분) 은하수 급히 거꾸로 쏟아지고

環林編笙竽(환림편생우) 피리 소리 숲 에워싸니

落地皆璚琨(낙지개경곤) 구슬과 옥돌 모두 땅에 떨어지네

諒難定心目(양난정심목) 마음과 눈으로 정하기 참으로 어려운데

那容寄名言(나용기명언) 어찌 그 자태 말로 설명하리

歸來萬緣靜(귀래만연정) 돌아 오니 모든 인연 고요하고

梵唄澄夢魂(범패징몽혼) 범패는 꿈속의 넋 맑게하네

招提宿雲表(초제숙운표) 구름 밖 절에서 묵으니

星斗曉可捫(성두효가문) 새벽에 별 어루만질 수 있네

前行富淸玩(전행부청완) 앞 길에 맑은 완상 가득한데

僕夫戒征轅(복부계정원) 하인은 수레 경계하네

陰潭老龍漱(음담노룡수) 그늘진 못에서 늙은 용 양치질하고

遠峀高鳳騫(원수고봉건) 먼 봉우리 높이 봉황새 난다네

躊躇獨誰爲(주저독수위) 누굴 위해 홀로 주저하는가

玆山未可諼(자산미가훤) 이 산 잊을 수 없다네

---

**經年臥江干(경년와강간)** : 한강 가에 있던 홍석주의 연경재(研經齋)에서의 삶을 의미함. 그를 감안하고 감상 바람.

**金昆玉友(금곤옥우)** : 옥곤금우(玉昆金友)와 같은 말로, 훌륭한 형제를 가리킨다.

**梵唄(범패)** : 불교의 의식음악.

**征轅(정원)** : 멀리 가는 사람이 타는 수레

홍석주가 자신의 거처인 한강변의 연경재(研經齋)를 나서서 수락산을 방문하여 하루 묵고 떠나는 과정을 시로 풀어내고 있다.

이 대목에서 홍석주의 어머니에 대한 이야기 곁들인다. 그의 어머니는 달성 서씨로 여류 시인이다. 그녀의 아들들이 그녀의 시를 취합한 시집 영수합고(令壽閤稿)가 전한다.

**1837년 9월 9일. 임경문과 이자강과 함께 수락산에 다시 모여. 저녁에 옥류동에 도착하여 짧게 짓다**

홍직필

옥류 맑게 흐르며 금류와 접하니
저물녘 신선 고을 그윽하기 그지없네
현상 도인 나보다 앞서 이르렀고
절간 단풍 높은 누각 의지하네

**丁酉重陽。偕任景文期會李子岡于水落山中。夕至玉流洞口占。**

玉流淸活接金流(옥류청괄접금류) 落日洞天幽更幽(낙일동천유갱유)
懸想道人先我至(현상도인선아지) 紺園紅葉倚高樓(감원홍엽의고루)

임경문에 대한 정보는 없다. 다만 이자강은 이봉수(李鳳秀, 1778~1852)로 성리학에 조예가 깊어 정조가 그를 특별히 사랑하였다 전한다. 아울러 시에 등장하는 현상 도인은 홍직필의 작품에 자주 등장하는 인물로 당시 삼각산 기슭에 있던 진관사(津寬寺) 주지로 보인다.

중양은 음력 9월 9일로 중구(重九)라고도 한다. 그러나 광의의 중양이란 양수 즉 홀수가 겹쳤다는 뜻으로 3월 3일, 5월 5일, 7월 7일도 중양이 될 수 있다. 그러나 상기 시 내용 중 단풍으로 미루어 앞의 중양은 9월 9일로 봄이 타당하다.

앞의 시를 살피면 옥류폭포를 지나 금류폭포를 거쳐 내원암을 찾아든 것으로 풀이할 수 있다.

### 금류폭포를 보고, 밤에 내원암에 묵다

한장석(韓章錫, 1832~1894)

골짝 나무와 시내의 이내 흐렸다 다시 개니
마음 한가하여 잔로에 다리 되레 가볍네
헤일 수 없이 오랜 돌에 금 가루 흐르니
긴긴밤 빈 산에 비 소리 짓는구나
깊은 산중 엿보니 사찰 나타나고
골 깊어 다만 흰 구름 가로질러 있네
선실은 등 달고 묵기 적합하지 않은데
풍경소리에 동봉에서 밝은 달 떠오르네

觀金流瀑。夜宿內院庵

谷樹溪嵐陰復晴(곡수계람음부청) 心閒棧路脚還輕(심한잔로각환경)

先天老石流金屑(선천노석류금설) 永夜空山作雨聲(영야공산작우성)

境絶猶看紺宇出(경절유간감우출) 洞深祗有白雲橫(동심지유백운횡)

禪寮不合懸燈宿(선료불합현등숙) 磬落東峰明月生(경락동봉명월생)

한장석은 성균관대사성, 형조판서, 이조판서, 경기도관찰사 등을 역임하였다. 함경도관찰사 시절 원산항에 방곡령(식량난 해소를 위해 식량 수출을 금지하는 명령)을 시행한 인물이다. 이로 인해 황해도에도 방곡령이 내려지고, 이에 일본은 1891년 11월 방곡령으로 일본 상인이 입은 손해배상이라 해서 14만 7168환을 요구하기에 이른다.

---

**棧路(잔로)** : 험한 벼랑 같은 곳에 선반을 내듯이 낸 길

자주 찾는 바위 오솔 길

# 에필로그

◎

"여보, 솔직하게 이야기해봐!"

"무엇을?"

"하루도 거르지 않고 수락산 찾는 이유 말이야."

아내와 함께 수락산 산책로에 접어들자 유난히도 팔짱끼기 좋아하는 아내가 슬그머니 팔짱을 끼며 눈을 반짝인다.

"내, 서두에서 이야기했잖아."

아내가 잠시 생각에 잠겨들었다는 듯 침묵을 지키더니 이내 팔짱 낀 팔에 힘을 넣는다.

"다른 건 인정하는데, 그런데 내가 언제 바가지 긁었어?"

"그러면 아니란 말이야?"

"당신이 정말 바가지 긁히지 않아서 그런 모양인데."

아내가 말하다 말고 저 앞에 다정다감하게 펼쳐진 길로 시선을 주었다.

"말하다 말고 왜 그래."

"바가지야, 어떻게 받아들이느냐의 문제고. 정말 당신이 매일 수락산 찾는 이유가 궁금해서 그래."

슬그머니 웃으며 나 역시 팔짱껴 있는 팔에 은근히 힘을 주었다.

"실은… 당신도 잘 알겠지만, 수락산에 뭔가 보물이 숨겨져 있을 거 같아. 그래서 그를 찾느라고."

"보물이라니?"

"사람들은 자신이 머물렀던 장소에 반드시 의미를 남기잖아, 특히 매월당 김시습 경우에는 더했고."

"그래서, 김시습이 이 산에 뭔가를 남겼단 말이지?"

즉답을 피하고 저만치 산 정상으로 시선을 던진다.

"하기야, 금오신화도 그랬지."

짤막하게 답한 아내의 얼굴에 미소가 감돌았다.

"무슨 의미야?"

"당신 이야기를 역으로 생각해보았어."

"어떻게?"

"당신이 태어나고 자란 이곳에 뭔가를 남기고 싶어 그런 게 아닌가 하고."

슬그머니 팔짱껴져 있는 팔을 풀어 가만히 아내의 가녀린 어깨를 감싼다.

"역시 당신 눈은 못 속인단 말이야."

수락산에서 놀다 遊水落山

지은이 | 황천우 · 김영미

펴낸이 | 최병식

펴낸날 | 2015년 10월 15일

펴낸곳 | 주류성출판사 www.juluesung.co.kr

서울특별시 서초구 강남대로 435 (서초동 1305-5) 주류성빌딩 15층

TEL | 02-3481-1024(대표전화) · FAX | 02-3482-0656

e-mail | juluesung@daum.net

값 16,000원

잘못된 책은 교환해 드립니다.

ISBN 978-89-6246-257-9 03980